はじ、めよう！作りながら楽しく覚える
After Effects

木村菱治 [著]
Ryoji Kimura

CC 2020 対応

Rutles

▶▶▶▶こんな読者を想定して作りました

この本は、初心者向けのAdobe Adobe After Effects CCの解説書です。ここで言う"初心者"としては、以下のような方々を想定しています。

- ・今までiMovieやPremier Elementsなどで動画を作ってきたが、After Effectsで特殊効果作りにも挑戦したい。
- ・以前、After Effectsを試してみたものの、使い方がわからなくて挫折した。
- ・今までPhotoshop、Illustrator、InDesignなどを使ってきたが、Adobe Creative Cloudに契約したらAfter Effectsも使えるようになったのでやってみたい。
- ・動画制作に興味があるので、とりあえず無料版で試してみたい。

映像のプロやプロを目指す人達、すでに基本的な使い方はマスターしていて、より高度なテクニックを学びたい、という方には向いていません。ソフトのインストールや"動画、アニメーションとは何か"といったところは解説していませんので、パソコン自体の初心者の方にはちょっと難しいと思います。また、機能の詳細が載ったリファレンスでもありません。初めてAEを使う、AEを触ったことがあるけどよくわからなかったという人向けに書きました。

▶▶▶AEはなぜ敷居が高いのか？

さて、After Effects（ユーザーの多くがAE（エーイー）と呼びます）は、正直、結構敷居の高いソフトだと思います。私自身、数年前に初めて購入した当初は、まず何をしてよいのかわからず途方に暮れました。基本的な動画編集の知識はあったので、AEも適当に触っていれば何とかなるだろうと思っていましたが、AE独特の操作を理解するまでにはかなり時間がかかりました。

AEの敷居の高さの理由を考えてみると、まず最初に「何してよいのかわからない」という点があります。iMovieのような初心者向けのソフトの場合、ある程度使い方の道筋が決まっていて、ソフトの側でも何となく次の工程に誘導してくれます。指示に従って材料を入れたら、それなりの動画ができる仕組みになっています。とんでもない失敗がないように、できることにも適度な制限がかかっています。

一方、AEは大量の道具を目の前にどさっと置かれて、「さあ好きなように使ってください」という感じのソフトです。たくさんある道具の組み合わせは自由、うまく使えば凄いものができるけど、使い方がわからないと手も足も出ない、そんな感じのマニュアル仕様のソフトです。これが最初の敷居の高さに繋がっています。

2つ目は、とにかく機能が多いということです。AEは歴史のあるソフトなので、バージョンアップを繰り返す度に機能が増えてきました。さらにプロ仕様のソフトだけあって、1つ1つの機能に細かいオプションがたくさん用意されています。こうなると、初心者は膨大な数の機能とそのオプションの海に溺れてしまうのです。

▶▶▶ 本書は AE の "とりあえず" を提供します

そこで本書では、多くの初心者が直面するであろうハードルを乗り越えていただくために、AE の "とりあえず" を提供することにしました。各章は、"とりあえずこの機能を、こんな手順で使ってみよう" という練習の集まりになっています。とりあげる機能はよく使われる基本的なものとシンプルで理解しやすいものに絞り、各機能のオプションの解説も、できるだけ最小限に留めるようにしました。たとえば、AE では文字を動かす方法 1 つをとっても非常にたくさんのバリエーションがあります。これをすべて羅列することは、初心者にとって親切とは言えません。とりあえず AE の主要な機能と使い方を広く浅く理解することで、多くの人が最初のハードルを越えられると思います。

しかし、本当にただ触ってみるだけで発展性のない内容では困ります。そこで、パーティクルやエクスプレッション、3D レイヤーといった、多少難しくても、いずれは避けて通れない重要な機能についても解説しました。

▶▶▶ すべて自分の手で作ります

道具の使い方を覚える時は、なによりも実際に自分の手を動かして使ってみることが大事です。本書には、サンプルを収録した CD やデータのダウンロードサービスはありません。各章の作例は、すべて AE の中で素材から作っていただくようになっています。動画で使う素材をソフト内で作れることは AE の大きな特徴であり、それを活かしました。素材作り自体が練習にもなります。その代わり、実写映像の扱いに関しては解説していません。ただし、本書で解説している機能のほとんどはそのまま実写素材にも使えます。

また、AE は、1 つのファイル（プロジェクト）内で複数の動画（コンポジション）を作成できます。この特徴を利用して、本書は 1 つのファイルの中に作例をため込んでいく構成にしました。一冊を通して練習すれば、学習の成果が 1 つのファイルとして残ります。

▶▶▶ 最初の敷居を乗り越えてしまえば楽しくなります

AE は最初の敷居は高いですが、いったんそこを乗り越えてしまえば、先には広大な創作の自由が待っています。定番ソフトなのでネット上の情報も豊富です。多くのクリエイターがブログなどで、「こんな映像を作るには AE をこう使えばよい」という貴重なノウハウを公開してくれています。まったくの初心者だと、これらの情報を使いこなすことができません。本書の目標の 1 つが、ネット上の制作情報を理解して自分の作品に応用できるよう、ベースとなる知識と経験を身に付けることです。

ジャンルを問わず、自分で何かが作れるようになるのは楽しいものです。知識として「作り方を知っている」と実際に「自分で作れる」の間には無限の差があると思います。ただ単に画面がぴかっと光ったり、文字がくるりと回るだけの動画でも、自分の手で作れるようになると世界が大きく広がります。本書がそのきっかけになれば幸いです。

2015 年 1 月　　筆者

目次

01 とにかく特殊効果を1つ作ってみよう………7
- 01 AEの画面設定をする………8
- 02 初めてのAE動画制作～星を飛ばそう………10
- 03 コンポジション、レイヤー、エフェクトの関係を理解しよう………18

02 流星をバックに文字を動かしてみよう………27
- 01 流星の上に文字を乗せてみよう………28
- 02 文字を動画の途中から表示してみよう………34
- 03 文字が徐々に表示されるようにしてみよう………38
- 04 文字を回したり、大きさを変えてみよう………46

03 泡をバックに図形を動かしてみよう　53
- 01 星形の図形を動かしてみよう………54
- 02 星の動きを滑らかにしよう………63
- 03 星をハート型に動かしてみよう………70
- 04 できた物を発展させよう………79

04 定番エフェクトの使い方を覚えよう　87
- 01 自分でエフェクトを動かそう………88
- 02 ブラーエフェクトでボカそう！………91
- 03 エフェクトに変化を付けよう………97
- 04 レンズフレアで光る玉を飛ばそう………101
- 05 グローフェクトで文字を光らせよう………110
- 06 グラデーションの背景を付けよう………119
- 07 フラクタルノイズで霧を出そう………123

05 AEの醍醐味、パーティクルを使ってみよう　129
- 01 パーティクルはAEの醍醐味！………130
- 02 実際にパーティクルを飛ばしてみよう………132
- 03 星が連続して飛び出すエフェクト………135
- 04 画面いっぱいに拡がる星空………138
- 05 花火のような爆発効果………144
- 06 パーティクルで火を燃やそう………148

06 初心者にも便利なエクスプレッションを覚えよう………155

01 とりあえずエクスプレッションを使ってみよう　　156
02 レイヤーを時間の経過に合わせて自動的に動かしてみよう………161
03 ピックウイップで他のレイヤーのプロパティを拝借してみよう………167

07 3Dレイヤーで立体的な表現に挑戦………171

01 とりあえず3Dレイヤーを使ってみよう………172
02 ライトとカメラを設置しよう………180
03 レイヤーとカメラを動かしたアニメーションを作ってみよう………188

08 複数のレイヤーを一緒に動かしたり、まとめたりしよう………191

01 複数のレイヤーを一緒に動かそう………192
02 複数のレイヤーをプリコンポーズでまとめてみよう………203

09 レイヤーの様々な合成方法を覚えよう………207

01 AEでレイヤーを合成する方法にはいろいろある………208
02 マスクパスで絵を切り抜いてみよう………210
03 キーイングエフェクトで自動的に背景を抜いてみよう………219
04 トラックマットで文字の中に棒人間を映してみよう………222
05 描画モードの仕組みをちょっと見てみよう………225

10 できた物を書き出したり、素材を読み込んで配置しよう………229

01 作ったものをファイルに書き出す………230
02 現在のプレビューを保存する（RAMプレビューを保存する）………231
03 レンダーキューに追加して書き出す………233
04 動画素材を読み込んで配置する………238
05 Adobe Media Encorderで書き出す………243
06 特定のフレームを静止画として書き出す………246
07 静止画を読み込む………249
08 その他、知っておくと役に立つ情報………253

索引………258

※ソフトのバージョンについて
本書は執筆時点でのAdobe After Effects CCの最新バージョンを使用して解説しています。しかし、After Effects CCは頻繁にバージョンアップが行われており、画面デザインや機能の一部が発行後の最新バージョンとは異なる可能性があります。本書で扱っているのはほとんどが基本的な機能ですので、大きな変更はないと思いますが、あらかじめご了承ください。なお、本書の作成にはMac版を使用しました。

※修正履歴
本書は増刷の際に、その時点でのAfter Effects最新バージョンに合わせて内容を修正しています。過去の主な修正履歴は以下の通りです。この内容はラトルズのWebサイトにも掲載する予定です。
https://www.rutles.net

初版第二刷での修正（2016年3月）
・「RAMプレビュー」の廃止（25ページ）
・再生停止操作の変更。停止ボタンかプレビューエリアをクリック（16ページ）
・再生中でもプロパティ変更が可能になった（25ページ）
・通常の再生でも音が聞けるようになった（26ページ）
・「RAMプレビューを保存」の名称変更と一時無効化（230、231ページ）

初版第三刷での修正（2017年2月）
・パレットの操作に関するHINTを追加（9ページ）
・After Effectsにパレットの切り替えメニューが追加されています。重なっているパレットは、パレット右上のメニューで選択できます。

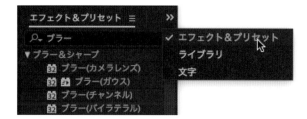

初版第四刷での修正（2017年10月）
・画面デザインの変更に合わせて、適宜図版を差し替え

初版第五刷での修正（2018年10月）
・使用エフェクト「ブラー（滑らか）（レガシー）」を「高速ボックスブラー」に変更（94ページ）
・画面デザインの変更に合わせて、適宜図版を差し替え
・より分かりやすいように一部の文章を修正、図版を追加

初版第六刷での修正（2019年12月）
・最新の状況に合わせて図版と一部の文章を修正

Adobe、Adobe After Effects、Adobe Photoshop、Adobe Illustratorは、Adobe Systems Incorporated（アドビシステムズ社）の商標です。
MacintoshはApple Computer, Inc.の各国での商標もしくは登録商標です。
Windowsは米国Microsoft Corporationの米国およびその他の国における商標または登録商標です。
その他本書に記載されている会社名、製品名は、各社の登録商標または商標です。

01

とにかく特殊効果を
1つ作ってみよう

とりあえず、何か作ってみないことには始まりません。
まずは特殊効果の動画を1つ作ってみて、
After Effectsによる動画作りを体験してみましょう。

1 とにかく特殊効果を1つ作ってみよう

01 AEの画面設定をする

AEの画面レイアウトは自由にカスタマイズできます。
ただ、読者によって見ている画面が違っているとちょっと困るので、
最初に画面レイアウトを統一しておくことにします。

▶ … 最初の画面はスキップ。表示させないようにしてもよい

　AEを起動すると、最初に図のような画面が表示されます。とりあえず、このウインドウは閉じて構いません。面倒なら、[環境設定][一般設定]の「ホーム画面を有効化」のチェックを外しておくと、表示されなくなります。もし、これが表示されなくても別に心配はありません。そのまま進めてください。

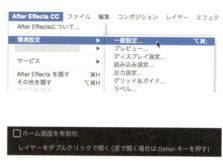

　また、使用しているパソコンによっては、図のような「警告」ウインドウが出るかも知れません。これも本書のレベルでは関係ないので、「表示しない」をチェックしてOKを押してください。

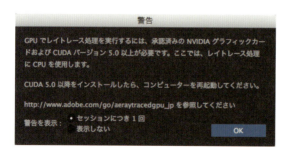

HINT　環境設定をリセットする

AEの環境設定が変更されていると、本書の記述通りの画面や操作結果にならない場合があります。環境設定は、キーボードのCommand+option+shift（Windowsはcontrol+alt+shift）キーを押しながらAEを起動し、確認のダイアログでOKボタンを押すとリセットできます。（この時、optionキーを押しながらOKボタンをクリックするとキーボードショートカットをリセットできます）。ただし、自分の好みに変更している部分も初期状態に戻ってしまうことにご注意ください。

▶ … ワークスペースは「標準」でいこう

AEを起動すると、新しい編集画面が開きます。AEはパネルの配置などを自由に変更でき、あらかじめいろいろな場面に合わせたパネル配置が「ワークスペース」（作業場）として用意されています。自分で使いやすいように配置したものをオリジナルのワークスペースとして登録することもできます。しかし、本書では、一番無難な「標準」ワークスペースを使います。

STEP 1 ［ウインドウ］メニューの ［ワークスペース］→「標準」を選択

下の図のような感じの画面になったと思います。黒くて素っ気ないウインドウの中に、たくさんのパネル（パレット）が並んでいるので、いかにも取っ付きにくいですね。普通なら、ここで各パネルの説明とかを始めるところですが、いきなり説明してもピンとこないでしょうから、さっそく制作に入ります。

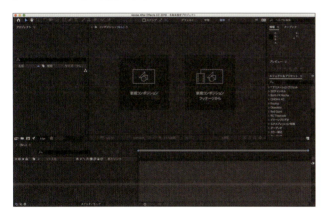

HINT　パネルが全面に広がってしまった！パネルが見当たらない！

パネルの名前の部分をうっかりダブルクリックすると、そのパネルがウインドウ全体に広がってしまいます。元に戻すには、もう一度パネル名をダブルクリックするか、パネル名横のメニューから「パネルグループサイズの復元」を選びます。不要なパネルは「パネルを閉じる」で隠せます。また、解説に出てくるパネルが見当たらない時には、「ウインドウ」メニューから選択して下さい。

1 とにかく特殊効果を1つ作ってみよう

02 初めてのAE動画制作～星を飛ばそう

お待たせしました。いよいよ初めてのAE動画制作です。
作るのは、画面の奥から手前に星が飛んでくる特殊効果です。

▲画面の奥から手前に星が飛んでくる特殊効果。AEのエフェクト1つで簡単に作れる

なお、AEでは特殊効果を作ることが多く、作る動画のことを「エフェクト」と呼ぶこともあります。本書では機能としての「エフェクト」との混乱を避けるため、AEで作るものを「動画」や「特殊効果」と呼ぶことにします。

▶ … 新しく「コンポジション」を作成する

STEP 1 ［コンポジション］メニューの［新規コンポジション］を選ぶ

AEでの作業で、まず最初に行うのが、この［新規コンポジション］の作成です。テクニック集などでは、単に「新規コンポ」の一言で済まされることも多いので覚えておきましょう。

「コンポジション」とは、AEで作る動画の入れ物です。一般的な動画編集ソフトでは、最初からコンポジションに相当する入れ物が用意されているのですが、AEの場合は毎回ユーザーが自分で入れ物を作ります。

STEP 2 「コンポジション設定」で解像度、フレーム／秒、長さを設定

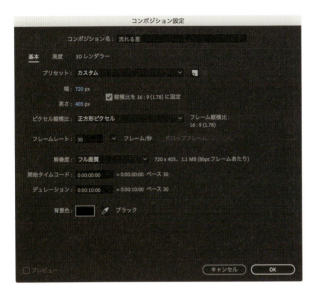

ここでは、図のように設定します。数値は各欄をクリックして手入力してください。
コンポジション名：流れる星
幅：720px
高さ：405ピクセル
ピクセル縦横比：正方形ピクセル
フレームレート：30
解像度：フル画質
開始タイムコード：0:00:00:00
デュレーション：0:00:10:00
背景色：ブラック（デフォルトのままです。もし色が変更されていたらカラーボックスをクリックして黒く設定してください）

　初心者には難しい用語が並んでいますが、「720×405ピクセルの大きさで、毎秒30コマ、長さ10秒の動画の入れ物を作る」と設定しただけです。
　メニューにあるプリセットから選べば簡単なのですが、練習にちょうどよい設定がありません。最初からフルHDでは処理に時間がかかって退屈ですし、解像度が低いと作っていて楽しくありません。720×405というサイズは、「そこそこ見栄えがして処理にあまり時間のかからない16:9のワイドサイズ」として筆者が決めたものです。一般にはまず使われない特殊なサイズですが、本書ではこれで統一します。

STEP 3 OKボタンをクリックする

新しいコンポジションが作られます。画面は下図のような感じになるはずです。作った動画が表示される真ん中の黒い枠は「プレビューエリア」と呼ぶことにします。これで動画の入れ物ができました。

プレビューエリア

とにかく特殊効果を1つ作ってみよう

02 初めてのAE動画制作〜星を飛ばそう

▶ … 平面レイヤーを作成する

STEP 1 ［レイヤー］メニューの［新規］［平面…］を選択する

　できたばかりのコンポジションは空っぽなので、背景色の黒が表示されるだけです。今度は動画の中身を作ります。「『平面レイヤー』ってなんだ?」と思われるでしょうが、気にせず進めてください。

HINT　レイヤーが作成できない！

レイヤーの作成前にうっかりどこかをクリックしてしまうと、レイヤーメニューが選べなくなってしまうことがあります。そんな時は、ウインドウ左下部の「流れる星」タブの中をクリックして選択（タブの周りが色の付いた枠で囲まれます）すると作成できるようになります。

▲「流れる星」タブの中をクリック。色の付いた枠で囲まれれば選択されたことになる

STEP 2 レイヤーの幅と高さを720×405pxに設定し、名前を「流星」とする

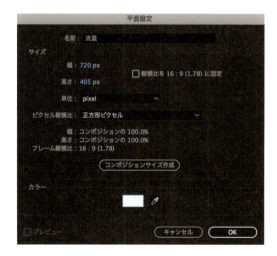

12

レイヤーの幅と高さが 720 と 405（コンポジションと同じ）になっていることを確認してください。「コンポジションサイズ作成」ボタンをクリックすれば確実にコンポジションと同じに設定されます。名前は「流星」にします。AE は自動的に名前を付けてくれますが、後で内容を理解しやすいように、自分で名前を設定する癖をつけておきましょう。

STEP 3　カラーボックスをクリックして、色を白にする

　「カラー」のボックスをクリックして、カラー選択のダイアログを出し、色を白に設定します。

STEP 4　OKボタンをクリックする

　プレビュー画面が白くなるはずです。コンポジション（入れ物）の中に白い平面レイヤーが入りました。

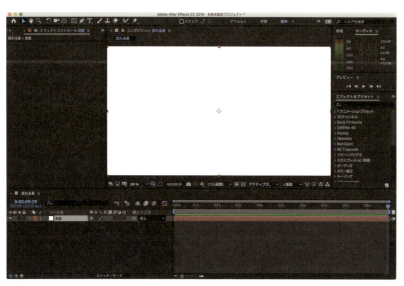

▶ … CC Star Burst（スターバースト）エフェクトを加える

STEP 1 ［エフェクト］メニューの
［シミュレション］→［CC Star Burst］を選択する

　エフェクトを選択すると、画面に星が飛ぶはずです。これで立派な特殊効果の完成です。

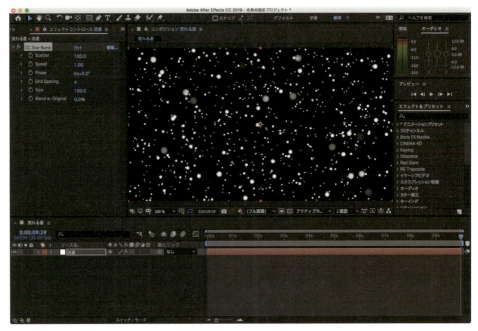

▲CC Star Burstを選ぶと画面に星が飛ぶ

HINT エフェクトが選べない！？

エフェクトを適用するには、レイヤーを選択している必要があります。作ったばかりのレイヤーは自動的に選択されていますが、うっかりどこかをクリックして選択が外れていることがあります。その場合は、図の位置をクリックして選択してください。

▲エフェクトを設定するために、レイヤー名をクリックして選択する

HINT レイヤーにありがちなトラブル

レイヤーをうっかりダブルクリックすると、そのレイヤーだけ編集する状態になります。今はレイヤーが1つしかありませんが、複数のレイヤーを使っている時にこれをやると、1つのレイヤーしか見えなくなります。レイヤーだけを編集している場合は、下図のようにプレビューエリアに新しいタブが開いています。このタブを閉じて、コンポジション内のレイヤーを選択します。

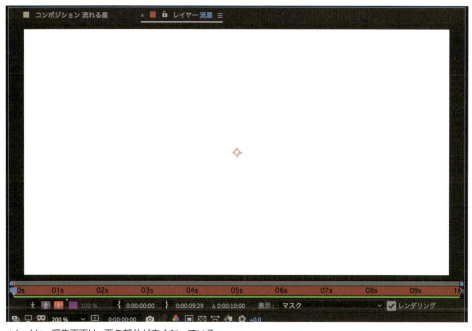

▲レイヤー編集画面は、下の部分が赤くなっている

▲レイヤー編集のタブを閉じる

▶ … できた特殊効果を再生してみよう

STEP 1 「プレビュー」パネルの再生ボタンをクリック

再生ボタンは左から3番目の右向き矢印です。再生すると、奥から手前に向かって星が流れる動画が表示されたはずです。

おめでとうございます！　初めての AE 動画の完成です。とても簡単だったはずです。たとえ簡単でも立派な映像作品です。しばらくは、自分の作った動画を何度も眺めて楽しんでください。

STEP 2 停止ボタンをクリックすると再生が止まる

再生中は再生ボタンが停止ボタンに変わっています。プレビューエリアをクリックしても再生が止まります。

●動画の時間経過を表示する「タイムライン」

下図のエリアを「タイムライン」といいます。ここはコンポジションの時間の流れを示しています。左端が開始時間、右端が終了時間です。逆三角形のマークと下に伸びる線は、「現在時間」を表しています。プレビューエリアには現在時間の絵が表示されています。

現在時間のマークは、直接ドラッグすることもできます。大まかな動きを確認するには、再生よりもこの方が速い時もあります。

ドラッグして現在時間を動かせる

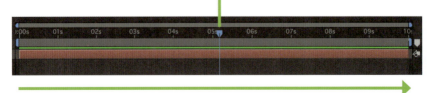

左から右に時間が流れていく

●行ったのは、AE の定番操作ルーチン

ここまでの作業で行った、

「新規コンポジション作成」→「新規平面」→「エフェクト適用」

という手順は、AE で特殊効果を作る時の定番の操作です。ブログなどの解説では、ここまでの作業を「新規コンポ（720×405、30fps）」、「新規半面」、「CC Star Burst を適用」とシンプルに表現されていることもあります。

また、作業効率を上げるために、「新規コンポジション作成」は⌘＋N（Windows では Ctrl+N）、「新規平面」は⌘＋Y（Windows では Ctrl+Y）のショートカットをぜひ覚えてください。

●作ったプロジェクトを保存する

作ったデータを保存しておきましょう。保存は、他のソフトと同様に［ファイル］メニューの［別名で保存］で行います。ファイル名は「初めての AE プロジェクト .aep」とでもしておきましょうか。ちなみに、「.aep」は AE のプロジェクトファイルの拡張子です（「プロジェクト」については次節で説明します）。

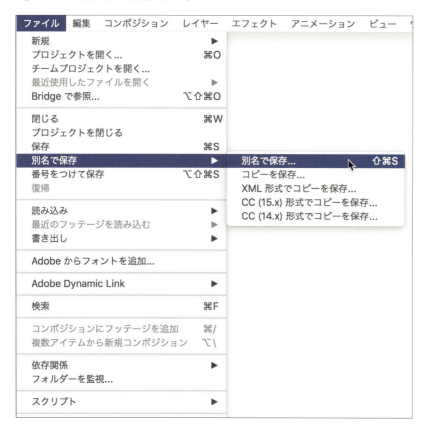

AE は、1 つのファイルの中で複数の動画（コンポジション）を作ることができます。これを利用して、本書では 1 つのファイル中でいろいろな動画を作って練習します。各章の練習の成果がこのファイルに溜まっていきます。

03 コンポジション、レイヤー、エフェクトの関係を理解しよう

それでは、初めて作った特殊効果の中身を見ながら
AEの仕組みを覗いていきましょう。

▶… AEのファイルは「プロジェクト」と呼ぶ

AEで新規ファイルを作ると、ウインドウには、「名称未設定プロジェクト」というタイトルが付きます。AEのファイルのことを「プロジェクト」と呼びます。AEでは、プロジェクト内で編集した結果を動画ファイルとして書き出して完成させます。

ちなみに、Adobe PremiereではAEのプロジェクトファイルやコンポジションを素材として読み込めます。この場合は、AEから動画を書き出す必要はなくなります。

▶… コンポジションは動画の入れ物

ウインドウの下部には、「流れる星」というタブが作られています。これが「コンポジション」です。

前述のように、コンポジションは動画の入れ物です。昭和世代の方には、「撮影前のフィルムやビデオテープ」と言う喩えが通じるかもしれません。AEでは、まず最初に縦横のサイズと長さを設定した入れ物（コンポジション）を作り、そこに素材を入れて動画を作ります。AEの動画作りとは、「コンポジションという入れ物を作って、そこに素材を入れていくこと」なのです。

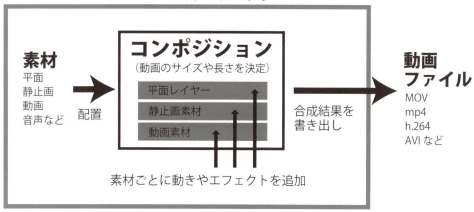

図：AEのプロジェクト、コンポジション、レイヤーの関係

● コンポジションの設定

「新規コンポジション」を選んだ時に現れるダイアログの設定を説明します。AEはプロも使うソフトなので、設定項目がとても多くなっていますが、最初は細かいことを気にする必要はありません。

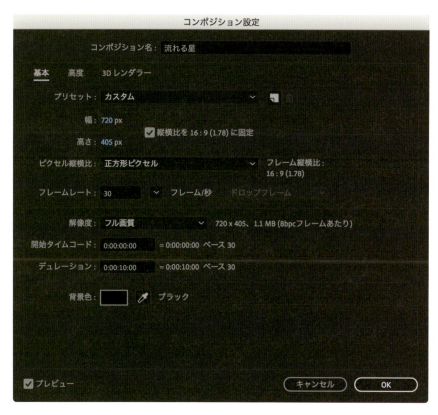

1

とにかく
特殊効果を
1つ作ってみよう

03

初めてのＡＥ動画制作〜星を飛ばそう

19

「コンポジション名」	コンポジションに自由に名前を付けられます。
「プリセット」	あらかじめ用意された設定がメニューに登録されています。設定のほとんどは、ビデオのフォーマットです。ビデオカメラで撮影した実写素材を使う場合には、ここの設定を使うことが多くなるでしょう。ただ、練習用としては扱いにくいので、本書ではプリセットは利用しません。 本書では、720×405ピクセルの設定を使います。あまり大きな画像だと処理に時間がかかってしまいますし、小さいと作っていて面白くありません。そこそこきれいで、たいていのパソコンでさくさく処理ができて、ワイドサイズ、ということで、このサイズにしました。後々、自分の作品を作る時は、目的に合わせて変更してください。
「ピクセル縦横比」	映像は細かい点（ピクセル）の集まりで作られています。コンピュータの画面では、ピクセルは真四角ですが、ビデオの規格では、縦横の長さが異なる長方形のピクセルが使われることがあります。本書では正方形ピクセルしか扱いません。
「フレームレート」	毎秒何コマの動画にするかを決めます。1秒間のコマ数が多いほど動きが滑らかになりますが、その分データ量が増えます。本書ではすべて30コマ／秒を使います。
「解像度」	AEで表示する時の解像度です。通常は「フル画質」でかまいません。
「開始タイムコード」	コンポジションの開始時間です。通常は 0:00:00:00（0時間00分00秒00フレーム）でよいでしょう。
「デュレーション」	ここに入れた時間がコンポジションの長さになります。本書ではすべて「0:00:10:00」（10秒）にしています。

●コンポジションの設定を変える

　コンポジションの設定は［コンポジション］メニューの［コンポジション設定］で、後からでも変えられます。

▶…レイヤーは動画の中身

　流れる星のタブを表示させると、リストの中に「流星」という名前があります。これが、「レイヤー」です。レイヤーは、コンポジションに表示させる中身＝素材です。レイヤーの中身は映像だったり、静止画だったり、テキストだったり、図形だったり、先ほど作ったように平面だったりします。レイヤーは複数の素材を"層"に分けて重ねる機能で、Photoshopなどの画像処理ソフトやお絵書きソフトでもお馴染ですね。機能的にはAEもほとんど同じです。レイヤーを重ねることで、素材を合成していきます。

　ちなみに、一般的な動画編集ソフトでは、レイヤーではなく「トラック」と呼ぶことが多いです。このあたりの名称の違いからもAEは合成や特殊効果の作成を得意としていることがわかります。

● 平面レイヤーは色のついた板

　流星の特殊効果で使用した「平面」レイヤーは、色の付いた板のようなものです。それ自身は単なる四角形です。主にエフェクトの素材や土台として使われることが多いです。流星の動画では、白い平面レイヤーに「CC Star Burst」というエフェクトを加えることで流れる星を発生させました。

　平面レイヤーの設定は単純です。要するにサイズと色を設定するだけです。コンポジションサイズより大きい（小さい）レイヤーを作ることもできます。コンポジションの枠からはみ出した部分は表示されません。

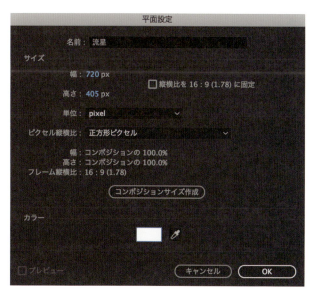

●レイヤーはいくつも重ねられる

今は1つしかレイヤーがありませんが、レイヤーはいくつも重ねることができます。たとえば、2つの画像や映像を合成するなら、2つのレイヤーを使うことになります。複数レイヤーを使った作業は後で説明します。

●レイヤーにはいろいろな種類がある

レイヤーの種類には、平面のほか、テキスト、ライト、カメラ、ヌルオブジェクト、シェイプレイヤー、調整レイヤーがあります。各レイヤーの種類を簡単にまとめておきます。また、AEの最近のバージョンにはAdobe Photoshopファイル、MAXON CINEMA 4Dファイルなどの新しいレイヤーが追加されていますが、本書では扱いません。

●レイヤーの種類

テキスト	文字を表示
平面	色の付いた板
ライト	AEの3Dレイヤーに照明を当てる
カメラ	AEの3Dレイヤー使用時にアングルや画角を設定する
ヌル	それ自体は何もしないが、他のレイヤーを動かす時の支点などに使う
シェイプレイヤー	円や四角形などの図形
調整レイヤー	他のレイヤーの色などを調整。Photoshopの調整レイヤーと同じ

HINT 平面レイヤーの英語名はSolid（ソリッド）

流星の特殊効果では、「平面」レイヤーを使いました。ちなみに、平面レイヤーは、英語では「Solid（ソリッド）」という名称になっています。Webなどにあるテクニック集では、英語名を使って「新規ソリッドを作成」などと書かれていることがありますが、その時には、「新規平面レイヤーを作成」と読み替えてください。

▶… エフェクトはレイヤーを変化させる

ウインドウの左上には、「エフェクトコントロール」というパレットが表示されているはずです。見当たらなければ、「流れる星」レイヤーを選択してから［エフェクト］メニューの「エフェクトコントロール」を選択してください。

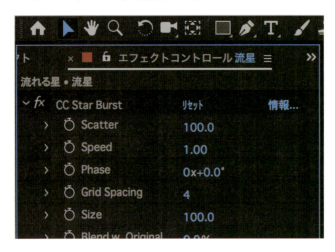

エフェクトコントロールパレットには、選択したレイヤーに使われているエフェクトが表示されます。今は、「CC Star Burst」が表示されているはずです。

エフェクト名の下には、「Scatter」「Speed」「Phase」といった項目が並んでいます。これが、CC Star Burst で設定できるプロパティ（設定値）です。パラメーターと呼ばれることもあります。このプロパティを変更することで、エフェクトの効果が変わります。

「うわぁ、英語かよ」と思うかも知れませんが、AEに標準搭載されているエフェクトも、プロパティが英語のままのものが結構あります。皆さんが将来、本格的な動画制作を行うようになり、別売りのサードパーティー製プラグインを使うと、ほとんどが英語版となります。今のうちから英語表記のプロパティに慣れておきましょう。

●AEのエフェクトはPhotoshopのフィルタのようなもの

AEのエフェクトは、レイヤーに様々な変化を与えます。適用するエフェクトによって、レイヤーを変形させたり、色を変えたり、何かを描いたりといろいろなことができます。Photoshopなどの画像編集ソフトで言う「フィルター」と、ほぼ同じものです。実際、「ぼかし」や「シャープ」など、Photoshopと同様のエフェクトも搭載されています。

流星の特殊効果では、平面レイヤーに CC Star Burst というエフェクトを加えることで、単なる白い平面だったところに星が飛ぶようになりました。エフェクトを使うには、必ずレイヤーが必要です。レイヤーの色や画像、映像がエフェクトを変化させることもあります。CC Star Burst の場合は、平面レイヤーの色が星の色になります。

▲単なる白い四角形だった平面レイヤーに、CC Star Burst エフェクトを与えると、星に変化する

▶… コンポジションの再生とタイムライン

次章に行く前に、コンポジションの再生方法について解説しておきます。AE では動画の動きを再生ボタンで確認します。しかし、この時見られる動画の動きは、実際よりも遅い可能性があるのです。正直、ちょっと面倒な話なのですが、早めに知識として知っておきましょう。

●AE の再生は実際より遅いことがある

QuikckTime プレイヤーや Windows メディアプレイヤーといった、一般の動画プレイヤーでは、30 秒の動画を再生すると 30 秒で終わります。当たり前ですね。これらの動画プレイヤーは、もし処理が追いつかなければ、適度にコマを飛ばして時間通りに終わらせています。たとえば、非常に解像度の高い動画を再生すると、表示がカクカクになったりします。

一方、AE の再生機能は、全部のコマを飛ばさずにきちんと表示します。このため、処理が追いつかないと、再生速度が遅くなります。コンポジションの設定が 10 秒であっても、AE で再生してみると 15 秒かかったりするわけです（実は、AE でもコマを飛ばす設定ができますが、ここでは省略します）。

動画が正確に再生されているかは、情報パレットの「fps」（フレーム／秒）でわかります。きちんとコンポジションの設定どおりの速度で再生できている時は、fps 表示が白くなり、最後に「リアルタイム」という文字が付きます。しかし、ここの表示が赤くなっていて、最後に「非リアルタイム」と表示されている時は、実際の再生速度が維持できていません。たとえば、15/30 と表示されていれば、コンポジション設定は 30 コマ／秒なのに、今は 15 フレーム／秒で再生されています。つまり本来の半分の速度で表示されていることになります。

▲左はリアルタイムに再生できているが、右は本当の結果よりも遅く表示されている

●一度計算が終わると再生が速くなる

ただ、AEは処理が終わった絵をメモリに一時保存していきます。動画の内容に変更がない限り、一度処理の終わった絵は再計算せずにメモリから呼び出して表示します。ですから、すべての計算処理が終わると再生がスムーズになります。

どこまで処理が終わったかは、「タイムライン」を見るとわかります。タイムライン上部には、緑の線や点が描かれている時があります。これは、その部分の処理が終わって、メモリに保存されていることを示しています。すべてのコマの処理が終わると、タイムライン全体に緑の線が描かれます。

▲緑の線が描かれた部分は計算が終わっている

●旧バージョンには「RAMプレビュー」という機能があった

AfterEffects CCの2015年アップデートでは、「RAMプレビュー」という機能が無くなりました。ただ、旧バージョン向けに書かれた解説書やブログには登場することがありますので、以下の解説を残しておきます。ちょっと前のバージョンには、そんな機能があった程度に覚えておいてください。また、AfterEffects CC 2015以降では、再生（プレビュー）中にもプロパティを変更できるようになっています。

動画の動きを正確に確認したい時は、プレビューパネル右端の「RAMプレビュー」を使います。このボタンをクリックすると、AEは全力で絵を計算してメモリーに保存してから再生します。動画の内容にもよりますが、手元の測定では3割ほど計算時間が短くなりました。

RAMプレビューの方が動画の再生もスムーズで、リアルタイム再生ができることが多くなります。ただし、RAMプレビューで再生できる時間の長さはメモリに依存します。より多くのメモリを搭載したパソコンで作業すれば、それだけ長いRAMプレビューが行えます。制作時には、通常の再生とRAMプレビューを適宜、使い分けてください。

なお、RAMプレビューの計算中にマウスボタンをクリックすると、その時点で計算が終わっている部分だけを再生します。

▲以前のバージョンのプレビューパネルには、右端にRAMプレビューボタンがあった

HINT　音声はRAMプレビューでないと聞こえませんでした！
旧バージョンのAEでは、音声はRAMプレビューでないと再生されませんでしたが、2015年のアップデートで、普通に再生すれば音が出るようになりました。リアルタイム再生できない時には、音声のスピードも遅くなったり途切れたりします。

●再生の話はこの辺で、次に進みます！

　単に作ったものを再生するだけで、長々とした解説がでてきて、「うわぁ、やっぱりAEって面倒くさい」と思われたかも知れませんね。
　とりあえずここでは、AE上では必ずしも正確な早さで再生されないことだけがわかれば十分です。本書の内容では、それで特に困ることはありません。
　それでは、次の章ではこの動画を発展させていきましょう。

02

流星をバックに文字を動かしてみよう

前章で作成した流星のエフェクトの上に文字を乗せてみましょう。
最初は単に文字を乗せるだけ、次に文字に動きを加えていきます。
After Effectsのアニメーション設定と、動画編集の基本をマスターします。

2 流星をバックに文字を動かしてみよう

01 流星の上に文字を乗せてみよう

映像作品のタイトル制作には、AEがよく使われます。前章で作った流れる星をバックに文字を入れてみましょう。

▶… テキストを入力する

前章で作った流星のコンポジションを表示して作業を始めます。

[レイヤ] －メニューから
[新規] [テキスト...] を選択する

プレビューエリアの中央にテキストカーソルが表示されます。

「AfterEffects」と
入力する

キーボードから文字を入力します。「AfterEffects」でなくても、好きな文字でかまいません。

STEP 3 段落パレットで文字を中央揃えにする

「標準」ワークスペースでは、段落パネルはウィンドウの右下にあるはずです。見当たらなければ、ウィンドウメニューから［段落］を選択してください。段落パネルの設定は、ワープロソフトなどでおなじみのもので、特に難しいところはないでしょう。パレットが邪魔になったときには、パレットのメニューから［パネルを閉じる］を選択すると隠せます。

 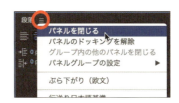

▲段落パネル。不要な時はパネルのメニューで閉じられる

▲中揃えのボタンをクリックすると文字がセンターに揃う

STEP 4 文字パネルで文字サイズやフォントを設定する

文字サイズやフォントを設定する前には、文字の上をドラッグして選択しておきます。

文字パネルが見当たらなければ、ウィンドウメニューから「文字」を選択してください。書体はご使用のシステムによって異なるので、お好きなもので結構です。サイズを106pt、スタイルをBoldにしました。だいたい、図（次ページ参照）のようなサイズになればOKです。

2

流星をバックに
文字を
動かしてみよう

01
流星の上に文字を乗せてみよう

▲文字パネル

HINT 数値の上を左右にドラッグしても変更できる

AEの各パネルでは、数値の上でマウスを左右にドラッグして変更することができます。マウスから手を離さずに作業ができて便利です。あらかじめ入力したい値が決まっている場合には、数値をクリックしてキーボードから入力した方が速いでしょう。

STEP 5 ツールバーから選択ツールを選ぶ

文字位置をちょっと下げます。ツールバーから選択ツールを選びます。選択ツールを使うと、プレビューエリア上でクリックしてレイヤーを選択、移動できます。

▲ツールバー

STEP 6　文字をドラッグして下に移動

　選択ツールは、プレビューエリア上のものを選択したり、移動できます。入力した文字をドラッグして、画面中央のあたりまで移動します。この時、キーボードの shift キーを押しておくと、簡単に垂直方向に移動できます。

HINT　テキストレイヤーが選べない！？

うっかり背景の流星レイヤーをクリックしてしまうと、文字の上をクリックしても、選択できなくなります（背景レイヤーの方が大きいため）。その場合は、プレビューエリアの欄外をクリックするか、[編集] メニューの [すべてを選択解除] を選んでから、文字の上をクリック（ドラッグ）してください。また、レイヤーをダブルクリックしてレイヤー編集の状態にならないように注意しましょう（15 ページの HINT 参照）。

STEP 7　再生すると文字の背景に星が飛ぶ

　昔の SF 映画のタイトルのような動画ができました。

▶ … 文字パネルの設定

文字は動画タイトルやテロップなど、様々な場面で使われ、動画内の素材としても重要です。また、AEの中ですぐに入力できるため、練習や実験用の素材としても重宝します。
そこで、文字パネルについては、少し詳しく説明しておきます。

◉ 文字かテキストレイヤーを選択する

文字パネルで設定をするには、文字の一部か、テキストレイヤー全体を選択しておきます。文字の一部を選択するには、ツールボックスから文字ツールを選択し、プレビューエリア上でドラッグします。こうすると、選択した部分だけが変更されます。

テキストレイヤー全体を選択するには、コンポジション上でテキストレイヤーをクリックするか、選択ツールで文字をクリックします。選択されると文字の周囲に四角いマークが付きます。

◉ 文字パネルの機能

文字パネルの機能は以下のようなものです。

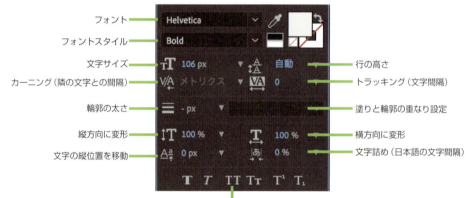

左から、太字、斜体、オールキャップス、スモールキャップス、上付き、下付き

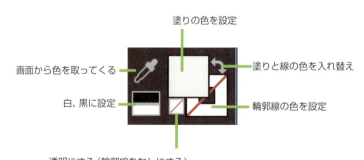

◉文字の輪郭を太くする時の設定

　文字に輪郭線を設定する時には、まず線の色を設定し、それから太さを決めます。その際、輪郭線を塗りの上に乗せるかどうかを選択できます。効果は次のサンプルを見ていただくのがわかりやすいでしょう。「全体の上に〜」は、文字間隔を狭めて文字同士が重なっている時に効果を発揮します。

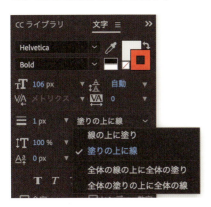

線の上に塗り

塗りの上に線

全体の線の上に全体の塗り

全体の塗りの上に全体の線

2 流星をバックに文字を動かしてみよう

02 文字を動画の途中から表示してみよう

ここからは、文字を動画の途中から表示する方法を例にとって、レイヤーの基本操作を説明します。テキストレイヤーを使いますが、平面、動画、静止画などすべての種類のレイヤーに共通する操作です。

▶… 文字が途中から表示されるようにする

今は、文字が最初から表示されていますが、これを途中から表示するようにしてみましょう。いよいよ動画編集の基本操作です。

 **タイムライン上の
バーの左端をドラッグする**

タイムライン上では、各レイヤーに色の付いたバーがあります。各レイヤーは、このバーがある部分だけ動画の中に現れます。たとえば、AfterEffectsレイヤーのバーの左端をタイムラインの02s（開始から2秒の位置）まで動かします。

▲カーソルがバーの端にあると、カーソルの形が左右の矢印に変わる

 **タイムライン上の
バーの右端をドラッグする**

レイヤーの終了時間は、バーの右端で設定します。右端を05sのところまでドラッグします。

ドラッグ中にキーボードの shift キーを押しておくと、現在時間マークや、他レイヤーのバーの端に吸着して正確なタイミング設定が簡単に行えます。

バーの端ではなく途中をドラッグすると、バー全体が移動できます。これを使うと、たとえば、表示時間を 3 秒から 6 秒の間に簡単にずらせます。

STEP 3 再生すると 2秒から5秒の間だけ文字が現れる

以上が、レイヤーをどのタイミングで表示させるかの基本操作です。確認できたら、お手数ですが、次の練習のために再び 0 秒から 10 秒まで表示するように戻してください。

▲動画の途中で文字が現れて、しばらくすると消える

●どんな素材を使っても操作は同じです

ここではテキストレイヤーを使って練習しましたが、素材の表示時間の設定方法は動画、静止画、平面レイヤーなどの種類を問わず、すべて同じです。

▶︎… レイヤーの基本操作

コンポジションは、図のようになっているはずです。コンポジション内には、配置したレイヤーがリスト表示されています。

●レイヤーの名前を変更する

レイヤーの作成時に名前を付け忘れても後から変更できます。レイヤーをクリックして選択し、キーボードの return キー（Windows では Enter キー）を押します。新しい名前を入力して再度 return キー（Windows では Enter キー）を押します。

レイヤー名が [ ] で囲まれることがありますが、本書の範囲では気にしなくてよいです。

●レイヤーを表示・非表示する

特定のレイヤーを表示・非表示するには、左端の目玉のアイコンをクリックします。作業のじゃまになるレイヤーを消したりできます。また、ソロボタンをクリックすると、そのレイヤーだけが表示され、他のレイヤーが非表示になります。

表示・非表示ボタン　ソロボタン

●レイヤーを削除する

コンポジションからレイヤーを取り除くには、レイヤーを選択してキーボードのdeleteキーを押します。

●レイヤーの重なりを変える

コンポジション上のレイヤーの順番は、そのままレイヤーの重なりの上下（前後）関係を表しています。今の場合では、AfterEffctsというテキストレイヤーは、背景の星よりも上（前）にありますから、文字の後ろにある星は見えません。

レイヤーの重なり順は、コンポジション上でドラッグして変更できます。試しに、「AfterEffects」レイヤーを平面レイヤーの下にしてみてください。星が文字の前にも飛ぶようになります。

▲星は文字の後ろに隠れている

▲「AfterEffects」を下にドラッグしてレイヤーの順序を変更

▲星が文字の前に表示されるようになった

HINT　1つのレイヤーにバーは1本だけ

1つのレイヤーには、1本のバーしかありません。ですから、この方法でレイヤーの表示時間を設定した場合、同じレイヤーを別の時間に再表示することはできません。文字を何度か点滅させたいような場合には、レイヤーを複製して別途表示時間を設定するか、後ほど説明する「不透明度」の設定などを使います。

AEでは、一般的な動画編集ソフトのように、素材をタイムラインに沿って横方向に並べることはできません。素材の数だけレイヤーが作られます。たとえば、A、f、t、e、rの5文字を順番に表示する場合は、図のようなレイヤー配置になります。たくさんの素材を繋いで構成する動画では、それだけレイヤーの数が多くなります。

▲5つの素材を順番に表示する場合、図のようなレイヤー配置になる

●レイヤーの長さを元に戻して次のステップに進みましょう

次のステップでは、別の方法を使ってテキストレイヤーを見せたり消したりします。その前に、「AferEffects」レイヤーの表示時間を0〜10秒に戻しておいてください。Shiftキーを押しながら、レイヤーの長さを戻すと、「流星」レイヤーの端に吸着してくれます。

また、レイヤーの重なりも、下から「流星」「AferEffects」の順に戻しておきましょう。[編集]メニューの[取り消し]を使って以前の状態に戻しても構いません。

▲「AfterEffects」レイヤーのバーの長さと重なりを元に戻す

2 流星をバックに文字を動かしてみよう

03 文字が徐々に表示されるようにしてみよう

ここまで作った人の中には、文字が突然表示されるのではなく、じわりとにじみ出てくるようにしたい、と思った人もいるでしょう。ここではアニメーションの基本である、「キーフレーム」の設定を覚えます。

▶ … レイヤーのプロパティを表示する

　AEのレイヤーには、いろいろなプロパティがあり、これを変更することで、位置や不透明度、色などを変えられます。先ほど、文字の位置を選択ツールで移動させましたが、このとき、裏側では位置のプロパティが変更されていたのです。なお、プロパティと同じ意味で「パラメーター」という言葉も使われます。他の書籍やブログで出てきたら、読み替えてください。

　レイヤーのプロパティを表示するには、レイヤー名の左側にある">"マークをクリックします。試しに「AfterEffects」レイヤーにあるマークをクリックしてみましょう。

　すると、こんな感じのリストが表示されました。「テキスト」にはテキストレイヤー独特のプロパティが納められ、「トランスフォーム」には、位置や回転など、どのレイヤーにも共通するプロパティが納められています。

　「トランスフォーム」の左にある > をクリックします。
　ようやくプロパティが表示されました。アンカーポイント、位置、スケール、回転、不透明度の5つがあるはずです。

▲レイヤーのトランスフォームプロパティ一覧を表示したところ。「リセット」の文字をクリックすると初期値に戻せる

●レイヤーのプロパティを変更する

　プロパティがあるといじりたくなるのが人情ですね。プロパティの変更操作は文字パネルなどの操作と同じです。ぜひ、数値の上をマウスでドラッグして、文字がどのように変わるのかを試してみてください。どんな設定にしても、「リセット」をクリックすれば、初期値に戻せます。練習では不透明度を変更します。

▶ 不透明度にキーフレームを設定する

　キーフレームを使って、動画の途中で不透明度を変化させてみましょう。

 不透明度を0に設定する

　不透明度は、0から100までの間で設定し、0にすると完全に透明になります。文字をじわっと表示させるためには、まず透明な状態が必要なので0にしました。

▲不透明度を0にすると文字が見えなくなる

　この状態で再生すると、文字はずっと消えたままです。不透明度が最初から最後まで0だからです。途中で不透明度を変えるために「キーフレーム」というものを設定します。

STEP 2 現在時間を0にする

現在時間のマークをドラッグするか、巻き戻しボタンをクリックして現在時間を 0 にします。不透明度は、先ほど設定した 0 のままでよいです。

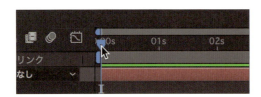

STEP 3 不透明度のストップウォッチボタンをクリックする

各プロパティ名の左側には、小さな時計型の「ストップウォッチ」ボタンがあります。これをクリックすると、そのプロパティにキーフレームを設定できます。

すると、不透明度のタイムラインに菱形のマークが付きます。これがキーフレームのマークです。この時間の不透明度が 0（透明）に設定されました。

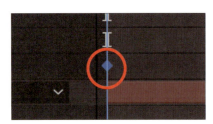

STEP 4 現在時間を2秒にする

現在時間のマークをドラッグして現在時間を 02s にします。

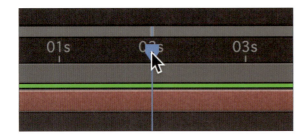

STEP 5　不透明度を100にする

プロパティ欄で不透明度を 100 にします。これで時間が 2 秒の時の不透明度が 100（不透明）になりました。タイムラインには新しいキーフレームが作られています。

▲2つ目のキーフレームが追加される

　AE では、ストップウオッチをオンしてプロパティ変更をすると、現在時間にキーフレームが作られ、その値がセットされます。

STEP 6　再生すると文字がじわっと現れる

再生してみると、文字がじわっと表示されたはずです。

● キーフレームの間は自動的に補間される

　キーフレームによるアニメーションでは、2 つのキーフレームの間の値は、AE が自動的に計算してくれます。これを「補間」といいます。現在時間のマークを動かしてみると、プロパティが時間によって変わっているのがわかります。

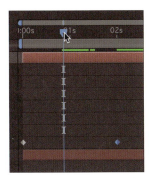

▲現在時間をキーフレームの中間にしてみる

▲自動計算された中間値が入っている

手書きのアニメーションなら、いろんな濃さの文字をたくさん描いて切り替える必要がありますが、AE では最初と最後の状態をキーフレームとしてセットするだけで、中間の絵はコンピューターが作ってくれます。このキーフレームアニメーションは、AE に限らず、2 次元から 3 次元まであらゆる CG ソフトで使われる手法です。

なお、キーフレームを設定することを「キーフレームを打つ」と呼ぶことが多いです。

▶ … いったん表示された文字が消えるようにする

キーフレームはいくつでも設定できます。もう 1 つキーフレームを設定して、いったん表示された文字が消えるようにしてみましょう。

STEP 1　現在時間を 6 秒にする

現在時間のマークをドラッグして現在時間を 06s にします。

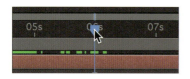

STEP 2　不透明度を 0 にする

これで透明→不透明→透明という 3 個のキーフレームが並びました。

　不透明度=0　　　　不透明度=100　　　　　　　　　　　　 不透明度=0

STEP 4　再生すると文字がじわっと現れて消える

文字が現れる時に比べると、消えるのはゆっくりになっています。これは消える時の方がキーフレームの間隔が長いからです。現れる時には、2 秒間で 0 から 100 まで変化しますが、消える時には、4 秒間かけて 100 から 0 に変化します。同じ変化量でも、キーフレームの間を短くすれば素早い動きが、長くすればゆっくりとした動きが表現できるわけです。

▶ … 同じ状態をキープする

できた動画を見ると「文字がちゃんと見えている時間をもう少し長くしたい」と思うかもしれません。今は、文字が完全に不透明になっている時間は一瞬です。不透明度100の状態を長く維持するにはどうしたらよいでしょうか？ そうです。同じ値のキーフレームを2つ並べれば、その間では変化しなくなります。

STEP 1 現在時間を4秒にする

現在時間のマークをドラッグして現在時間を04sにします。

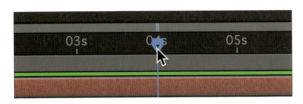

STEP 2 不透明度を100にする

これで透明→不透明→不透明→透明という4個のキーフレームが並びました。

不透明度＝0　　不透明度＝100　　不透明度＝100　　不透明度＝0

STEP 3 再生すると文字が不透明な時間が長くなる

文字が不透明な状態が2秒間キープされるようになりました。ただし、途中にキーフレームを挿入したので、文字が消える時間が短くなりました。これを修正してみましょう。

STEP 4 最後のキーフレームを8秒に移動する

キーフレームの移動は、菱形のマーカーを直接ドラッグします。これで文字が消えるまでの時間が長くなります。

▶ … キーフレームの基本操作

　ここで、キーフレーム編集の基本操作を一通り紹介しておきます。今すぐにすべてを使うことはありませんので、ざっと目を通しておいてください。

●キーフレームを選択する
　キーフレームは、クリックして選択できます。shift キーを押しながらクリックすると、追加選択・選択解除ができます。また、タイムライン上でドラッグして囲むことで、複数のキーフレームを一度に選択できます。複数のレイヤーのキーフレームを一度に選択することもできます。

▲キーフレームを囲んで選択する

●キーフレームを削除する
　キーフレームを選択してキーボードの delete キーを押すと削除できます。

●キーフレームを移動する
　キーフレームは直接ドラッグして別の時間に移動することができます。あらかじめ複数のキーフレームを選択しておけば、まとめて動かせます。

●キーフレームをコピー・ペーストする
　キーフレームを選択して、[編集] メニューの [コピー] を選びます。[編集] メニューの [ペースト] を選ぶと、現在時間の位置にペーストされます。複数のキーフレームを一度にコピー・ペーストすることもできます。同じプロパティがあれば、別レイヤーにもペーストできます。

●現在時間をキーフレームの位置に移動する
　現在時間のマークをドラッグしている時に、shift キーを押すと、キーフレームの近くで吸着され、正確に合わせることができます。また、レイヤーリストの左端にある三角のボタンをクリックすると、現在時間を前後のキーフレームに移動することができます。

●値を変更せずにキーフレームだけを打つ
　前後のキーフレームに移動するボタンの間にあるボタンをクリックすると、現在時間にキーフレームが打たれます。キーフレームには、現在のプロパティ値がセットされます。すでにキーフレームが打たれている場合には、ボタンに色が付きます。このボタンをクリックすると、そのキーフレームが削除されます。

▲真ん中のボタンをクリックするとキーフレームを追加・削除できる

●レイヤーのキーフレームをすべて削除する

　レイヤーのストップウォッチボタンをもう一度クリックしてオフにすると、そのレイヤーに設定されているキーフレームがすべて削除されます。

●キーフレーム間をまとめて伸ばす・縮める

　たくさんのキーフレームが設定されている時に、全体の動きをゆっくり、あるいは速くしたい時があります。その場合は、まず3つ以上のキーフレームを選択し、optionキー（WindowsではAltキー）を押しながら、両端どちらかのキーフレームをドラッグします。キーフレーム間の比率を保ったまま伸び縮みできます。

▲optionキー（WindowsではAltキー）を押しながら選択した端のキーフレームをドラッグ

▲選択したキーフレームの間隔が変化する

●キーフレームの値を変更する

　キーフレームの◆マークをダブルクリックすると、ダイアログが開いてキーフレームの値を変更できます。

2 流星をバックに文字を動かしてみよう

04 文字を回したり、大きさを変えてみよう

キーフレームでプロパティを変える方法をマスターしたら、もうAEは使えるようになったも同然です。今度は位置やサイズ、角度も動かして、よりダイナミックな動画にしていきましょう。

▶ … 不透明度のキーフレームをいったん削除する

せっかく設定した不透明度のキーフレームですが、位置やサイズを動かす時に、文字が見えないと不便なので、いったん削除します。テキストレイヤーのストップウォッチをクリックしてオフにしてください。すると、不透明度が現在時間の値に固定されます。文字が薄かったり見えない時には、100に設定して文字が見えるようにします。

ストップウォッチをオフ　　　　　　　　不透明度を100にする

▶ … レイヤーのプロパティを表示するショートカット

最初に紹介したように、">"マークをクリックしてレイヤーのプロパティを表示するのは少々面倒です。そこで、AEにはよく使うプロパティを簡単に呼び出せるショートカットがあります。まず、レイヤーを選択して、以下のキーを押すとそれぞれ対応するプロパティが表示されます（押すのは文字キーだけで、他のキーを一緒に押す必要はありません）。プロパティの英語の頭文字になっているので、覚えやすいはずです。これが使えるようになると、作業効率がぐんと上がりますので、ぜひとも覚えましょう。

- p ＝ 位置（position）
- s ＝ スケール（scale）
- r ＝ 回転（rotation）
- t ＝ 不透明度（transparency）
- a ＝ アンカーポイント（anchor point）

▶ … 文字をくるくる回してみよう

まず最初に文字をくるくる回してみましょう。やり方は、不透明度のキーフレーム設定と同じで、回転のプロパティを変化させます。また、画面をシンプルにして作業する練習として、背景の平面レイヤーを非表示にします。

▲目玉のアイコンを外して背景の「流星」レイヤーを非表示にする

STEP 1 現在時間を 0 にする

現在時間のマークをドラッグするか、プレビューパネルの巻き戻しボタンをクリックして現在時間を 0 にします。

STEP 2 回転プロパティのストップウォッチボタンをクリックする

回転のタイムラインにキーフレームが打たれます。

STEP 3 現在時間を 2 秒にする

現在時間のマークをドラッグして現在時間を 02s にします。

STEP 4 回転を 2x+0.0°にする

回転のプロパティは、2つにわかれています。前半の「x」が付いた数字は、回転数です。1x=360 度です。ここでは、「2x」として 720 度、2 回転させています。後半の数字は 360 度以下の角度を指定します。

STEP 5 再生すると文字がくるくると回転する

▶ … アンカーポイントを文字の中心に移動する

文字を回すことに成功しましたが、若干の「コレじゃないよ」感があると思います。回転の中心がずれているので、なんだか不安定な感じがしますね。

▲回転の中心が「E」の下端なので、回転が不安定に見える（動きが見えるように「エコー」エフェクトを使用）

これを修正するためには、レイヤーの「アンカーポイント」を移動します。

アンカーポイントとは、レイヤーの基準点です。位置や拡大縮小、回転などはすべてこのアンカーポイントを基準に計算されます。今は、文字の下端にアンカーポイントがあるので、不自然な回転になっているわけです。平面レイヤーでは、自動的にレイヤーの中心にアンカーポイントが設定されるのですが、文字の場合は下の方に設定されています。

STEP 1 テキストレイヤーを選択する

選択されたテキストレイヤーの周りに四角いハンドルが表示されます。現在時間をゼロにすると、テキストが傾かないので、作業がしやすいでしょう。

▲選択したレイヤーの周囲にはハンドルが付く。ハンドルをドラッグしてスケールを変えることもできる。

STEP 2　ツールバーから
アンカーポイントツールを選択する

アンカーポイントの移動には、アンカーポイントツールを使います。

STEP 3　文字の下中央から
上にドラッグして中央に持ってくる

　文字のアンカーポイントは、他のハンドルと重なって見づらくなっていますが、図の位置にあります。アンカーポイントツールでは、他のハンドルは操作できないので、重なった部分をドラッグしても大丈夫です。

▲テキストのアンカーポイントは、下のハンドルと重なっていて見づらい

　ドラッグしてアンカーポイントを文字の中央付近に持ってきます。ドラッグ中に、shiftキーを押していると垂直に移動できます。
　アンカーポイントの位置は自由に設定できますので、太陽の周りを回る惑星のように、遠く離れた場所を中心に回転させることも可能です。

▲アンカーポイントをドラッグして移動

2　流星をバックに文字を動かしてみよう　04　文字を回したり、大きさを変えてみよう

STEP 4 あるいは、アンカーポイントの プロパティを変更する

アンカーポイントは、レイヤーのプロパティのひとつですから、回転や不透明度と同じように、数値指定でも変更できます。ただし、この方法を使うと基準点が動いた分だけ、文字位置がずれるので、移動ツールでの再調整が必要になります。アンカーポイントツールで変更した場合は、位置がずれないように、アンカーポイントだけでなく、位置のプロパティも自動的に変更されます。

▲アンカーポイントの数値を直接修正した場合には、位置の修正も必要になる

STEP 5 再生すると きれいに回る

文字の中心を軸にして回るようになりました。

▲軸を修正したことで自然な回転になった

エフェクトを見るとやってみたくなりますよね。この残像が残る絵を作ってみたい方は、テキストレイヤーに［エフェクト］メニューの［時間］［エコー］を適用し、エフェクトのプロパティを図のように設定してみてください。エフェクトのプロパティを変える方法については、後ほど解説しますので、今できなくても大丈夫です。

▶ … 文字の大きさを変化させてみよう

回転に加えて、サイズもだんだんと大きくなるように設定してみましょう。やり方はわかりますか？ そうです。スケールのプロパティにキーフレームを打てばよいのです。

STEP 1　現在時間を 0 にする

現在時間のマークをドラッグするか、プレビューパネルの巻き戻しボタンをクリックして現在時間を 0 にします。

STEP 2　スケールのストップウォッチボタンをオンにする

スケールのタイムラインにキーフレームが打たれます。

STEP 3　スケールを 10 にする

あまり小さくて見えなくなっても作業がしづらいので、10％に縮小します。

スケールのプロパティは、X 方向と Y 方向の 2 つにわかれていて、それぞれ左右の拡大縮小率、縦横の拡大縮小率です。最初は、数値の左にある鎖マークのボタンがオンになっていて、片方を変更すれば、もう一方も同じ値にセットされます。縦横のスケールを別々に変えたい時には、このボタンをクリックしてオフにします。

STEP 4　現在時間を 3 秒にする

各プロパティは同じタイミングで変える必要はありません。ここでは、回転が止まった後もしばらく拡大を続けるよう 3 秒目にしてみます。

STEP 5 スケールを100にする

これで元のサイズに戻ります。

STEP 6 再生すると回転しながら文字が大きくなる

背景の「流星」レイヤーを表示して、再生してみましょう。

画面の奥から文字が回りながら飛んでくるような感じになりました。だいぶダイナミックな動画になってきました。

本章では、キーフレームを使ったアニメーションの設定を学びました。次の章では、同じくキーフレームを使って、文字を移動させてみましょう。

HINT より複雑なアニメーションができるテキストプロパティ

本書では説明しませんが、テキストレイヤーには、「テキスト」というプロパティがあります。ここの設定を使うと、文字が1文字ずつ順番に大きくなったり、字間をダイナミックに変えたりといった、より複雑なアニメーションを作ることができます。将来のために、テキストプロパティというものがあると、頭の隅に入れておいてください。

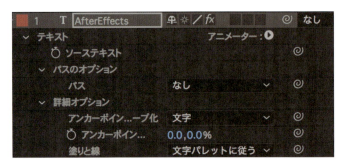

03

図形を動かしてみよう
泡をバックに

前章では、文字レイヤーを回転させたり、大きさを変えて動きを付けました。
本章では、シェイプレイヤーを使って描いた図形の位置を動かしてみましょう。

3

泡をバックに
図形を動かして
みよう

01 星形の図形を動かしてみよう

今度は位置を動かすアニメーションを作ります。基本的なやり方は今までと同じですが、文字ではなく図形を動かしてみましょう。図形はシェイプレイヤーで描きます。

▶ … コンポジションと背景レイヤーを新しく作る

前章で作った文字を動かしてもよいのですが、すでに回転やスケール変化がついていて扱いにくいので、新しいコンポジションを作りましょう。

 STEP 1 ［コンポジション］メニューの
［新規コンポジション...］を選ぶ

設定は前と同じです。前章から続けて作業をしていれば、前の設定が残っています。コンポジションの名前は「動く星」とします。

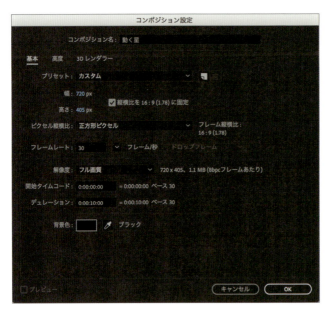

新しく「動く星」コンポジションが作られ、編集可能になりました。「流れる星」と「動く星」のタブをクリックすることで、いつでも編集する対象を切り替えられます。

3

泡をバックに
図形を動かして
みよう

01 星形の図形を動かしてみよう

STEP 2 ［レイヤー］メニューの［新規］［平面…］を選ぶ

背景に何もないと寂しいので、今回もエフェクトを使った背景を作ります。

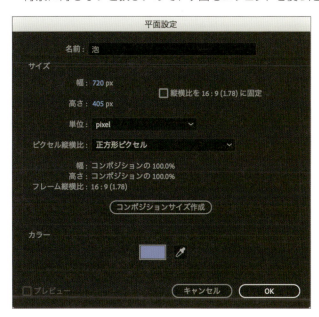

　サイズはコンポジションと同じにします。レイヤーの名前は「泡」、色は薄いブルーにしましょう。

STEP 3　[エフェクト]メニューの [シミュレーション] [CC Bubbles] を選ぶ

ここでは、CC Bubblesという、自動的に泡が出るエフェクトを使います。これもCC Star Burst同様に、レイヤーに適用するだけで勝手に動いてくれる便利なエフェクトです。

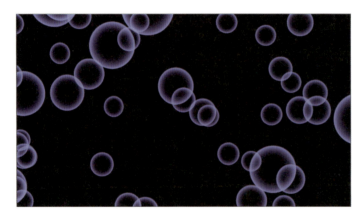

試しに再生して動きを確認してみてください。

STEP 4　平面レイヤーを ロックしておく

このレイヤーはもういじる必要がありませんので、タイムラインでレイヤーの鍵ボタンを押してロックしておきます。こうするとクリックしても選択できないので安心して作業ができます。

▶ シェイプレイヤーを使って星を描く

シェイプレイヤーは、任意の図形を描くことのできる種類のレイヤーです。

STEP 1 [レイヤー]メニューの[新規][シェイプレイヤー]を選ぶ

STEP 2 シェイプレイヤーが作られる

まだシェイプレイヤーの中身は空です。

STEP 3 ツールバーからスターツールを選ぶ

図形のボタン上でマウスをプレスすると、ポップアップが現れてツールが選択できます。

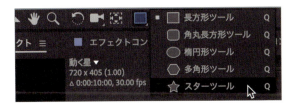

　シェイプレイヤーは、Illustratorと同じようにベジェ曲線を使って図形を描けます。複雑な図形を使う時にはIllustratorで描いた絵を読み込む方がよいのですが、シェイプレイヤーはAEの中で手軽に使えるというメリットがあります。ここでは、星を描いてみます。

57

3

泡をバックに
図形を動かして
みよう

01

星形の図形を動かしてみよう

STEP 4 プレビューエリアでドラッグして星を描く

あとで動かしますから、大きすぎず、小さすぎないサイズがよいでしょう。なお、ドラッグ中にキーボードの⌘キー（WindowsではCtrlキー）を押すと、星の角の大きさを変えられます。角の数はカーソルキーの↑↓で変わります。また、shiftキーを押しておくと、水平な星が描けます。

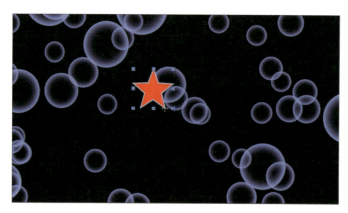

●アンカーポイントを図形の中心に移動する

シェイプのアンカーポイントは、コンポジションの中心点に設定されます。アンカーポイントツールで図形の中心に持ってきてもよいのですが、[レイヤー] メニューの [トランスフォーム] [アンカーポイントをレイヤーコンテンツの中心に配置] を使うと、一発で設定できます。

STEP 5 星の色と線を設定する

シェイプの色と線はツールバーで設定します。それぞれのカラーボックスをクリックすると色を変えられます。また「塗り：」「線：」という文字のところをクリックすると、透明・単色・グラデーションなどの切り替えができます。

58

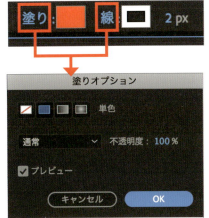

◀クリックすると「塗りオプション」が表示される

これで泡を背景に星が浮かんでいる動画ができました。

H I N T　シェイプはいきなり描いてもよいのですが...

ここでは、先にシェイプレイヤーを作成してから星を描きました。実は、シェイプレイヤーを作らずにいきなり星を描いても、自動的にシェイプレイヤーが作られます。ただ、うっかり他のレイヤーを選択した状態でシェイプを描き始めると、それは「マスク」といって、レイヤーの表示範囲を決める効果になってしまいます。シェイプレイヤーを作るには、レイヤーが選択されていない状態で描き始める必要があります。ここでは、初心者向けにより確実にシェイプレイヤーが作れる方法を使いました。

▶… 位置のキーフレームを設定して星を動かす

　レイヤーを動かすには、位置のプロパティにキーフレームを打ちます。回転やスケールなど、今までやったものと手順は変わりません。

 現在時間を2秒に
設定する

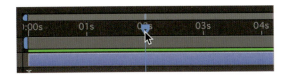

●**最後のキーフレームから先に登録すると楽な時もある**

　前章のキーフレーム打ちの最中に気がついた人もいると思いますが、最後の絵が決まっている場合には、先に最後のキーフレームを打ってしまった方が楽です。このアニメーションでは、2秒目に画面右に星が止まるようにしますから、まず2秒目の位置を決めてしまいましょう。こうすれば、前の時間でどんな編集をしても、2秒目には必ず決められた位置に来てくれます。

STEP 2 選択ツールでドラッグして星を画面の右端に動かす

動きが大きい方がわかりやすいので、最後の位置を右端にします。

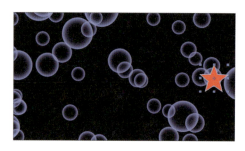

STEP 3 「位置」プロパティを表示する

レイヤーを選んでショートカットキー「p」を使うと一発で位置プロパティを表示できます。

STEP 4 位置プロパティにキーフレームを打つ

位置プロパティのストップウォッチボタンを押して、キーフレームを打ちます。これで最後の星の位置が登録できました。

▲ストップウオッチをオンする

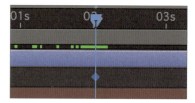

▲キーフレームが打たれる

STEP 5 現在時間を0にする

次にスタート位置を設定します。

STEP 6 星を左端に移動する

ここでは、移動ツールを使わずに位置プロパティのX軸の上でマウスをドラッグして動かしてみましょう。X軸の数値だけを変えることで、水平な動きが正確に設定できます。コンポジションの外まで移動させて、見えないところから現れるようにもできますが、ここではまだ、画面内に収めておきましょう。0秒のところにキーフレームが打たれます。これで移動アニメーションが設定できました。

▲位置プロパティの左側の数字（X座標）の上でマウスをドラッグ

STEP 5 再生すると星が左から右に動く

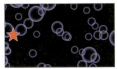  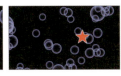 

これでレイヤーの位置を動かすことができるようになりました。ここではシェイプレイヤーを使いましたが、平面レイヤーや文字レイヤー、取り込んだ画像や動画素材でも、同じように位置のプロパティにキーフレームを打って動かすことができます。

◉動きを線で示すモーションパス

動きを付けたシェイプレイヤーを選択すると、画面には図のような線が現れます。これは、レイヤーの動きを線で表した「モーションパス」です。モーションパスのおかげで、再生してみなくても動きが把握できます。モーションパスは各時間のアンカーポイントの位置を結んで描かれています。

なお、長いアニメーションの場合には、現在時間から遠いモーションパスは省略されるので、常にすべての動きが線で見られるとは限りません。

モーションパスには、点が打たれています。この点は、各フレームでのアンカーポイントの位置を示しています。今は一定の間隔ですが、動きの速いところでは点の間隔が広く、遅いところは間隔が狭くなります。

▶ 再生範囲を制限し、タイムラインを見やすく調節する

●再生範囲を限定する

このコンポジションは10秒の長さがあるのに、2秒間しか使っていません。再生すると、残りの8秒は退屈ですよね。[コンポジション] メニューの [コンポジション設定] で短くすることもできますが、ここでは再生範囲を調整してみましょう。

タイムラインの上部にあるワークエリアバーの両端を動かすことで、再生範囲を限定することができます。たとえば、ワークエリアを0秒〜3秒の範囲に設定すれば、その部分しか再生されなくなります。

●タイムラインを拡大・縮小表示する

タイムラインは、下の方にある山の絵の描かれたボタンとスライダーで拡大・縮小できます。また、ワークエリアバーのさらに上にあるタイムラインナビゲーターの両端をドラッグしても同様のことができます。必要に応じて作業しやすい倍率に設定してください。

▲ボタンとスライダーでタイムラインを拡大・縮小できる

▲タイムラインナビゲーターの両端をドラッグしても拡大・縮小できる

02 星の動きを滑らかにしよう

さきほど作った星の動きは直線的で速度も一定です。この動きをもっと滑らかにしてみましょう。ちょっと高度な操作になりますが、今は使いこなせなくても、覚えておくと後々役に立ちます。

3

泡をバックに図形を動かしてみよう

▶ … 星がだんだん遅くなって止まるようにする

今は、星の速度が最初から最後まで一定です。これをだんだん遅くなって止まるようにしてみましょう。

STEP 1 「シェイプレイヤー1」を選択して編集メニューの複製を選ぶ

動きの違いを比較するために、今あるシェイプレイヤーを複製しておきましょう。「シェイプレイヤー2」が作られます。コンポジション内で複製すると、キーフレームやエフェクト設定も複製されます。

この段階では2つのレイヤーはぴったり重なっているので、動画の上では1つに見えます。

STEP 2 「シェイプレイヤー2」を選択して星の色を変える

見分けられるように、複製したレイヤーの星の色を変えましょう。「シェイプレイヤー2」を選択し、ツールバーの「塗り」を使って変更します。

▲星の色を変更した

STEP 3 「シェイプレイヤー1」の2秒の所にあるキーフレームを選択

最初に作ったシェイプレイヤー1が右端で停止する時の速度を調整します。

STEP 4 [アニメーション]メニューの[キーフレーム補助][イージーイーズ]を選択

聞きなれない言葉ですが、とりあえずやってみましょう。イージーイーズを設定すると、キーフレームアイコンの形が変わります。

▲マークの形が変わった

STEP 5 再生すると星がだんだん遅くなって止まる

　最初は、シェイプレイヤー1（イージーイーズ）が先行しますが、最終的にはシェイプレイヤー2（速度一定）が追いついて、どちらも2秒目に目的に達します。イージーイーズを使った方は、最後がゆっくりになる分、前半の速度が速くなっています。

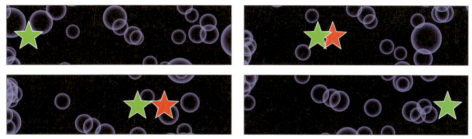

▲キーフレームを打った時間は同じでも途中の速度が異なる

▶… キーフレームの値をまとめて変更する

　2つの動きの違いを並べて見たくなりますよね。ちょっと横道に逸れますが、やってみしょう。今までに覚えた方法で0秒と2秒の2つのキーフレームを別々に修正してもよいのですが、まとめて動かす方法もあります。

STEP 1 「シェイプレイヤー1」の2つのキーフレームを選択

shift+クリックで追加選択するか、ドラッグで囲んで選びます。

STEP 2 現在時間をどちらかのキーフレームにぴったり合わせる

現在時間とキーフレームが少しでもずれていると、新しいキーフレームが追加されてしまいます。ぴったり合わせるには、タイムライン左端にある「前のキーフレームに移動」ボタンか、「次のキーフレームに移動」ボタンをクリックします。

▲「次のキーフレームに移動」ボタンを使うと現在時間をキーフレームとぴったり合わせられる

STEP 3 位置プロパティの2つ目の数字の上でドラッグ

位置パラメーターの2つ目がY軸（上下）方向の座標です。ドラッグすると、モーションパス全体が移動するので、両方のキーフレームが変更されたことがわかります。

▲位置プロパティの2番目の数字が縦位置を決める

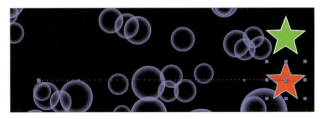

▲2つのキーフレームのY座標を一度に変更できた

STEP 4 再生すると動きの違いがよくわかる

これで両者の違いがよりはっきりわかるようになりました。一定速度で動くと機械的な感じ、徐々に速度が遅くなると自然な感じになることがわかると思います。

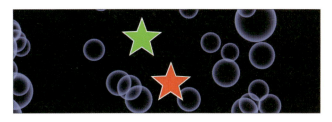

最初のキーフレームにもイージーイーズを設定すると、動き出しもゆっくりになります。イージーイーズは、このように速度変化をスムーズにする機能です。

HINT 速度調整について

AEには、「イージーイーズイン」「イージーイーズアウト」という機能もあります。本書では詳しく解説しませんが、イージーイーズインは、キーフレームに到着するときの速度変化を滑らかにし、イージーイーズアウトはキーフレームから出発する時の速度変化を滑らかにします。イージーイーズは、両方の動きを滑らかにしてくれますので、とりあえず滑らかにしたい時にはこれが便利です。また、AEには速度の変化をグラフで表示・編集する機能があります。シェイプレイヤー1が選択された状態で、「グラフエディター」ボタンをクリックすると、プロパティの変化がグラフで表示されます。たとえば、ボールが跳ねる動きをリアルに表現したいような時には、このグラフエディターでの編集が必要になります。将来に向けて、こういう機能があることを覚えておいてください。

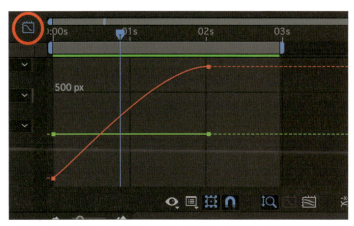

▲図の左上にあるグラフエディターボタンをクリックすると、位置や速度の変化をグラフで見られる。ここで速度や位置の推移カーブを編集することもできる

▶ … 一定の速度での移動に戻す

　イージーイーズを設定したキーフレームの動きを速度一定に戻すには、アンカーポイントを選択し、[アニメーション] メニューの [キーフレーム補間法] で、「時間補間法」を「リニア」に設定します。

▲イージーイーズの設定（ここでは「ベジェ」となっている）をリニア（速度変化なし）に戻す

▶ … レイヤーを瞬間移動させる

　前章で文字を動かした時には、レイヤーの動きを一時的に止めるために、同じ値のキーフレームを並べました。キーフレームの補間法の設定によってもこれと同様の効果が得られます。

　キーフレームを選択して、アニメーションメニューの [キーフレーム補間法] で「時間補間法」を「停止」にします。こうすると、次のキーフレームに着くまでは、前の場所に留まります。間を繋がずに瞬間移動させることができるわけです。

▲最初のキーフレームの補間法に「停止」を設定すると、次のキーフレームが来るまでは、ずっとその場に留まり続ける。補間法の種類によって、キーフレームのマークの形が変わる

●イージーイーズは位置以外のプロパティにも使える

　イージーイーズのような速度調整は、移動だけでなく、回転や不透明度、色など、他のプロパティの変化にも使えます。たとえば、車輪が最初はゆっくりと回転し始めて加速していくようなアニメーションに使います。ただ、イージーイーズは自動設定なので、微妙なニュアンスの再現には、前述のグラフエディターでの編集が必要になるでしょう。

　次の練習では、星を曲線的に動かしてハートを描いてみましょう。

3

泡をバックに
図形を動かして
みよう

03 星をハート型に動かしてみよう

今度はもっと複雑な動きを付けてみましょう。キーフレームの位置を増やし、モーションパスの編集方法を覚えます。

▶ ハート型の動きをキーフレームに登録する

曲線的な動きを付ける場合でも、重要なところにだけキーフレームを打てば途中の動きはAEが作ってくれます。キーフレームは、基本的には動きの方向が変わるところに打ちます。

 STEP 1　シェイプレイヤー2を複製する

せっかく作ったものを消してしまうのももったいないので、またレイヤー2を複製します。レイヤー2を選択して、［編集］メニューの［複製］を選びます。シェイプの色はお好みで変えてください。

複製してできた「シェイプレイヤー3」は、位置プロパティのストップウォッチアイコンをオフにして、いったん既存のキーフレームを削除します。

他のレイヤーは、目玉アイコンをオフにして非表示にしておきましょう。

 STEP 2　現在時間を0にして、ハートのスタート地点に合わせる

まず、現在時間を0秒にして、選択ツールを使って、星を図のあたりに移動します。

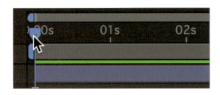

▲ハートの下の尖った部分をスタート地点にする

STEP 3 ストップウォッチボタンを押してキーフレームを登録する

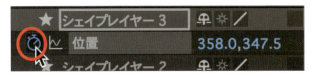

▲ストップウォッチをオンにする

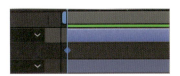

▲キーフレームが打たれた

STEP 4 現在時間を1秒ずつ進めながら5つのキーフレームを追加する

　ここからは「現在時間を1秒進める」→「図形の位置を動かす」の繰り返しになります。1秒〜6秒の間に、以下のキーフレームを設定してください。「私の知っているハート型と違う?」と思うかも知れませんが、あとで修正しますので作業を続けてください。また、再生範囲を限定したり、タイムラインを拡大表示している人は、適宜変更してください。

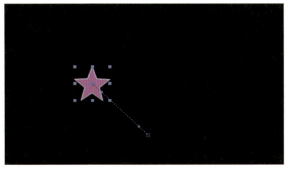

▲1秒目

泡をバックに
図形を動かして
みよう

03
星をハート型に動かしてみよう

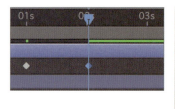
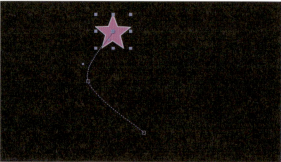

▲2秒目

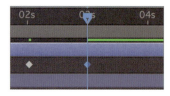

▲3秒目

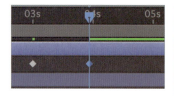

▲4秒目

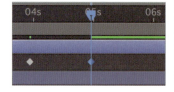

▲5秒目

▲6秒目

STEP 5　再生するといびつなハートに沿って動く

　ワークエリアで再生時間を制限していた場合は、十分な時間に設定し直してから再生してください。若干のコレジャナイヨ感はありますが、とりあえずハートっぽい形のモーションパスができたはずです。再生してみましょう。わずかなキーフレームを設定しただけで、AEが間をスムーズに繋いでくれて、曲線的な動きが作れることがわかります。

▲ハートっぽく動く星（「エコー」エフェクトで軌跡を表示した）

▶… モーションパスを編集してハート型をきれいにする

　しかし、これは典型的なハートの形とは違います。そこで、モーションパスを編集してちゃんとしたハート型の軌跡に直してみましょう。Illustratorを使ったことがある人は、説明しなくてもわかるかも知れません。

●モーションパスは「ベジェ曲線」

　まず、モーションパスについて説明しておきます。モーションパスは、「ベジェ曲線」という線で作られています。これはIllustratorで絵を描く時と同じものです。ベジェ曲線には、最小限の点を打つだけで、複雑な曲線を描けるメリットがあります。これはそのままシェイプレイヤーで図形を描く時に役立ちますし、ベジェ曲線はいろいろなソフトで使われていますので、ぜひ覚えましょう。

ベジェ曲線は「頂点」を結んだ線ですが、頂点には「ハンドル」がついています。ハンドルは、頂点から線が飛び出す方向と"勢い"を決めます。言葉で説明するよりも、図を見ていただいた方がわかりやすいでしょう。モーションパスの場合は、キーフレームで指定した位置に頂点があります。各頂点についているハンドルの角度と長さは、とりあえず AE が自動的に付けたものです。このハンドルを編集することで、カーブの曲がり方を調整できます。

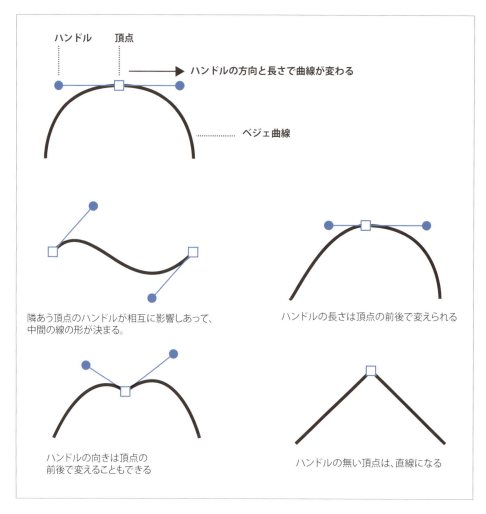

それでは、実際にモーションパスを編集してみましょう。

STEP 1 「シェイプレイヤー 3」を選択してモーションパスを表示させる

▲シェイプレイヤー 3 を選択

▲選択したレイヤーのモーションパスが表示される

STEP 2 選択ツールを選ぶ

モーションパスは選択ツールで編集します。

STEP 3 左側の頂点をクリックしてハンドルを表示させる

この頂点は1秒の所にあるキーフレームに対応しています。星の絵と頂点が重なって作業しにくい時は、現在時間をずらしてください。プレビュー画面上で選択するのが難しい場合には、タイムライン上のキーフレームを選択すると、対応する頂点も選択されます。

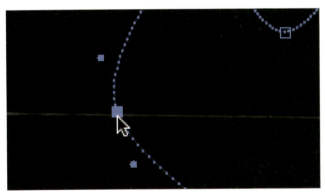

▲頂点を選択すると曲線編集用のハンドルが表示される

STEP 4 ハンドルや頂点をドラッグしてハートの形を整える

ハンドルの先端をドラッグすると向きと長さを変えられます。頂点の位置を変えるには直接ドラッグします。

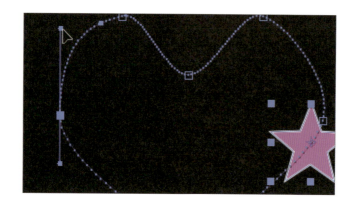

STEP 5　ハートの凹んだところ以外を図のように修正する

　図は、複数頂点を選択してすべてのハンドルを表示させていますが、作業は頂点1つずつ行ってください。なかなか完全な左右対称にはなりませんが、練習なので、だいたいでよいです。

STEP 6　ツールバーから頂点を切り替えツールを選択する

　ハートの凹んだところは、ハンドルのない頂点にします。手作業でハンドルを短くするよりも、頂点を切り替えツールを使うと確実です。

▲ツールバーのポップアップメニューから選択できる

STEP 7 ハートの凹んだところの頂点をクリック

クリックするとハンドルがなくなり、尖った角を作ることができます。

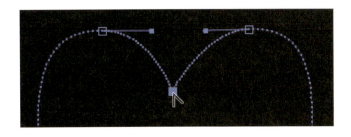

STEP 8 モーションパス全体を微調整して完成

ようやく、ハートらしいハートになりました。モーションパスでは、いちいち現在時間を動かさなくても、キーフレーム編集ができるので、とても便利です。ベジェ曲線の操作に習熟すれば、複雑な動きも自由に操れるようになります。

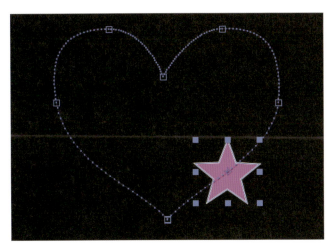

▲エコーエフェクトで軌跡を表示したところ

HINT その他の頂点編集機能について

「頂点を切り替え」ツールでハンドルをドラッグすると、ポイントの前後でハンドルの向きを変えられます。その後は、再び選択ツールでハンドルを編集します。「頂点を切り替えツール」で、向きの違うハンドルの一方をクリックすると、一直線のハンドルに変更できます。また、頂点を追加、頂点を削除ツールを使うと、頂点＝キーフレームを増やしたり、減らしたりできます。

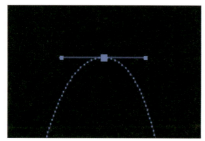
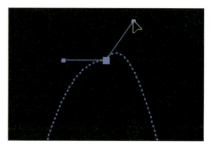

▲「頂点を切り替え」ツールでハンドルを折る

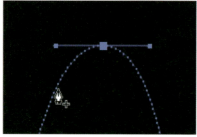

▲「頂点を追加」ツールでキーフレームを追加する

04 できた物を発展させよう

星をモーションパスに沿って動かしてみると、"もっとこうしたい!"とか"こんなことはできないか?"という欲求が出てくると思います。こうした欲求に応えられるのがAEの魅力です。

3

泡をバックに
図形を動かして
みよう

▶… 星の動きをもっと速くしたい!

星の動きを速くするには、キーフレームの間隔を詰めます。方法は以前にも紹介しましたが、やってみましょう。

STEP 1　「シェイプレイヤー 3」の
すべてのキーフレームを選択

STEP 2　optionキー（WindowsではAltキー）を押しながら
最後のキーフレームを左にドラッグ

これでキーフレームの間隔を詰めることができ、動きが速くなります。

▶… 動きに沿って星の向きを変えたい!

今のアニメーションでは、星の向き（角度）はずっと変わりませんが、動く方向に合わせて星の向きを変えてみたくなります。AEでは、「自動方向」という機能を使うことで、自動的にこれをやってくれます。

| STEP 1 | 「シェイプレイヤー 3」を選択する |

| STEP 2 | [レイヤー] メニューの
[トランスフォーム] [自動方向] を選択する |

　これだけで、AE が自動的にパスの角度に合わせて星の方向を変えてくれます。星の向きが自動的に変わるようになります。この自動方向機能は、矢印や乗り物の絵などを動かす時に必須の機能ですので覚えておいてください。なお、自動で設定される向きが気に入らない場合には、レイヤーの回転プロパティで調整します。

▲パスの角度によって、自動的に星の向きが変わる（動きが見えるようにエコーエフェクトを使用）

▶ … 動いている星に "ぶれ" を付けたい！

◉モーションブラーは、リアルさと迫力の肝

　ここまで練習でテキストを回したり、星を動かしたしてきましたが、"なんかちょっと違う" と思っている人もいると思います。その理由はもしかすると、まだ「モーションブラー」を使っていないからかも知れません。モーションブラーとは、動いている映像に "ぶれ" を加える機能です。カメラで動いている物体を撮影すると、ものの輪郭がぶれて映ります。これが、動きの速さや迫力を表現する要素の 1 つになっています。AE でも、このぶれ＝モーションブラーを再現できます。

▲モーションブラーを設定すると、リアルな躍動感が出る

 タイムライン下の「スイッチ／モード」ボタンを
クリックしてモーションブラーボタンを表示する

このボタンをクリックする度に、レイヤー名の右に表示される機能が切り替わります。

STEP 2　「シェイプレイヤー3」のモーションブラーボタンをオンにする

モーションブラーはレイヤーごとにかけたり外したりできます。動きを速くしたものの方が、よりモーションブラーの効果がわかりやすくなります。

STEP 3　コンポジションのモーションブラーボタンをオンにする

さらに、コンポジションでモーションブラーを有効にしておく必要があります。

STEP 4　再生する

モーションブラーを使うと、通常の再生よりも計算に時間がかかります。

　いかがでしょう。星の動きはまったく変わらないのに、リアルさが増したと思います。余裕のある方は、流れる星のテキストアニメーションにもモーションブラーを設定してみてください。急にかっこよくなるはずです。

▲流れる星にモーションブラーを設定したところ

●もっと強いモーションブラーをかけたい！

　星を動かす速度を上げれば、それだけぶれも大きくなります。星の動きを変えずに、もっと派手にぶらしたい時には、[コンポジション] メニューの [コンポジション設定] を選択し、「高度」のタブをクリックします。

　設定項目の中の、「モーションブラー」「シャッター角度」を大きくすると、ぶれが大きくなります。

HINT　動画素材にモーションブラーをかけるには

このモーションブラーは、レイヤー自体が動く時のみに効きます。デジカメなどで撮影した映像素材の中で動いているものにモーションブラーをかけたい時には、「ピクセルモーションブラー」というエフェクトを使います。本書では説明しませんが、覚えておくとよいでしょう。

▶…ハートの軌跡が見えるようにしたい！

　せっかくハート型のモーションパスが完成しても、動きだけではハートだとわかりにくいですね。解説の中でもでき上がりを示すために使った、「エコー」エフェクトを使って動きの軌跡を見せましょう。

 「シェイプレイヤー 3」を選択する

　計算に時間がかかるので、モーションブラーは外しておきましょう。

83

3

泡をバックに
図形を動かして
みよう

04

できた物を発展させよう

STEP 2 ［エフェクト］メニューから［時間］［エコー］を選択する

STEP 3 エフェクトコントロールパネルで図のように設定する

　先ほどのキーフレームの調整で、速度を変えた場合と変えていない場合の両方の設定を用意しました。

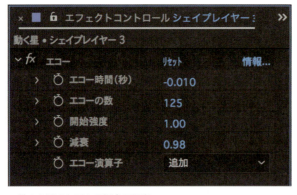

▲動きを速くしてある場合の設定

エフェクトコントロール シェイプレイヤー		
動く星・シェイプレイヤー 3		
fx エコー	リセット	情報...
エコー時間(秒)	-0.050	
エコーの数	125	
開始強度	1.00	
減衰	0.98	
エコー演算子	追加	

▲動きが遅いままの場合の設定

残像によって軌跡が表示されます。

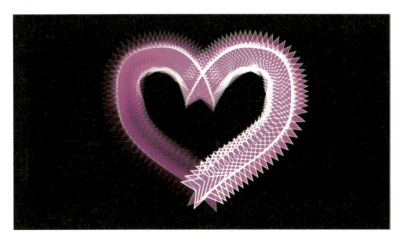

ちなみに、モーションブラーをオンにすると、図のような結果になります。経験を積んでいくことで、「このエフェクトとこの機能を組み合わせると、結果はこうなる」ということが予測できるようになります。

▲モーションブラーをオンにした結果

3 泡をバックに図形を動かしてみよう

04 できた物を発展させよう

85

●星の形が分かりにくくなるのを解消したい時には

　エコーエフェクトをかけると先端の星の形が分かりにくくなる所に不満を感じる方もいると思います。そんな時には、エコーエフェクトの「エコー演算子」プロパティを「前に合成」に変えてやります。ただ、この方法だと、軌跡の雰囲気も変わってしまいます。

　軌跡の雰囲気を維持したい場合には、シェイプレイヤー 3 を複製して、エコーエフェクトを削除したものを重ねてやる方法があります。つまり、白くなっているところの上に色のついた星を重ねてやるわけです。真面目な方はごまかしのように感じるかも知れませんが、要は最終的な映像がイメージ通りのものになれば良いのです。これは非常に単純な例ですが、このような工夫を積み重ねることで、エフェクト単体での表現の限界を越えることができます。

　この章はちょっと長編になりました。レイヤーの動かし方に加えて、素材を発展させていく過程もご紹介しました。ここまで来れば、だいぶ AE の操作に慣れてきたのではないかと思います。次の章では、エフェクトも自分でコントロールできるようになりましょう。

04

定番エフェクトの
使い方を覚えよう

本章では、エフェクトの使い方についてもう少し詳しく解説します。
動画制作でよく使われるエフェクトと、
そのプロパティを変えて動かす方法について覚えましょう。

4 定番エフェクトの使い方を覚えよう

01 自分でエフェクトを動かそう

今まで使ったエフェクト、CC Star BurstとCC Bubblesは、一度設定するだけで勝手に動いてくれる手軽なエフェクトです。AEにはそのほかにもいろいろなタイプのエフェクトがあります。

▶… エフェクトの大ざっぱな種類

AEのエフェクトメニューには、たくさんのエフェクトが収録されています。これらはいくつかのカテゴリーに分類されていますが、まだちょっと細かくてわかりにくいですね。もっと大ざっぱに分類すると以下の2つになります。

●エフェクト自身が絵を作ってくれるもの
　例：CC Star Burst、CC Bubbles、フラクタルノイズなど

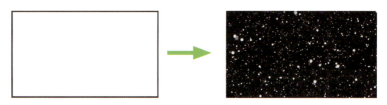

▲CC Star Burstは、真っ白な平面レイヤーの上に自動的に星を描き出す

●元のレイヤーの色や形に手を加えるもの
　例：ブラー、シャープ、モザイクなど

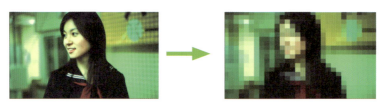

▲モザイクは、元になる画像や映像がないと効果を発揮できない

今まで使ったエフェクトで言えば、CC Star BurstとCC Bubblesは、流れる星や湧き出る泡をエフェクトが描いてくれました。つまり、エフェクト自身が絵を作ってくれるタイプです。一方、色を変えたり絵を変形させるエフェクトの場合には、元ネタとなる素材が必要になります。たとえば、何もないところにモザイクはかけられませんよね。

さらに、もう1つの分類としては、次の2種類があります。

●何もしなくても自動的に変化するエフェクト
　例：CC Star Bust、CC Bubbles

▲CC Star Burstは星が自動的に動く

●ユーザーが指定しないと止まっているエフェクト
　例：ブラー、稲妻（高度）、フラクタルノイズ

▲フラクタルノイズは、絵は自動的に描いてくれるが、そのままだと止まったまま

　CC Star BustやCC Bubblesは、絵が自動的にどんどん動いてくれますが、多くのエフェクトは、変化を付けるためにはユーザーがキーフレームなどでプロパティの値を変更する必要があります。たとえば、「フラクタルノイズ」というエフェクトは、自動的に雲のような絵を描いてくれますが、放っておいても動きません。
　ここまでの解説では、初心者用に自動で絵を描いて動いてくれるエフェクトを使ってきました。本章では、それ以外のエフェクトの使い方を覚えていきましょう。

▶ … 定番エフェクトがいくつかある

　AEのエフェクトは非常に数が多いので、最初は何を使えばよいのかわかりませんよね。だいたい、どの制作者も良く使う定番のエフェクトというのがいくつかあります。とりあえず、これらを覚えましょう。本書では、よく使われるエフェクトに絞って、解説していきます。

　本章で解説するエフェクトは、以下のとおりです。
　ブラー.................. 絵をぼかすエフェクト
　グロー.................. 絵を光らせるエフェクト
　レンズフレア......... 強い光をカメラで撮った時のようなエフェクト
　グラデーション...... レイヤーをグラデーションで塗る
　パーティクル .... 粒子を飛ばすエフェクト
　フラクタルノイズ.. 雲や煙のような絵を作る

▶ … エフェクト＆プリセットパネルで検索する

AEにはものすごい数のエフェクトがあります。これからもバージョンが上がる度に増えていくはずです。いちいちメニューから探すのは大変なので、エフェクトパネルで検索する方法を覚えておきましょう。

STEP 1　エフェクトを加えたいレイヤーを選択する

STEP 2　エフェクト＆プリセットパネルの検索窓にエフェクト名の一部を入力する

標準ワークスペースではウインドウの右側に「エフェクト & プリセット」というパネルがあります。見当たらなければ [ウインドウ] メニューの [エフェクト & プリセット] を選びます。パネルの上部には検索窓があり、ここに文字を入れると、名前にその文字が含まれるエフェクトだけが表示されます。

入力するのは、エフェクト名の一部だけでかまいません。たとえば、CC Star Burstを検索するなら、「star」と入力してもよいし、「burst」でもかまいません。

STEP 3　使いたいエフェクト名をダブルクリックする

ダブルクリックすると選択しておいたレイヤーにエフェクトが適用されます。

それでは、いろいろなエフェクトを使っていきましょう。

02 ブラーエフェクトでボカそう！

4
定番エフェクトの使い方を覚えよう

最初にご紹介するのは、レイヤーをボカす「ブラー」エフェクトです。初級・上級、制作分野を問わず、これを使わない人はまずいないという超定番エフェクトです。

▶ … 素材となるテキストを作り、ブラーを適用する

今回も、テキストレイヤーを素材にして練習します。コンポジションも新しいものを用意しましょう。

STEP 1　新規コンポジションとテキストレイヤーを作成する

すでに何度かやった作業ですね。設定は同じですが、コンポジション名は「エフェクト練習」とします。

定番エフェクトの使い方を覚えよう

02 ブラーエフェクトでボカそう

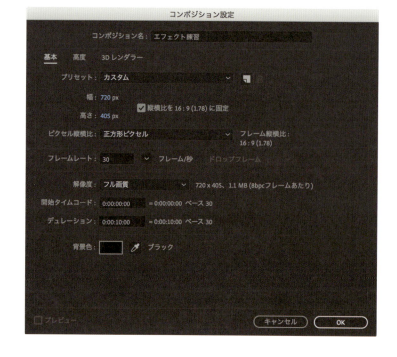

　ついでにテキストレイヤーのもう1つの作成方法を覚えましょう。ツールバーのテキストツールボタンをダブルクリックすると、メニューから新規テキストレイヤーを作成したのと同じことができます。

▲テキストツールアイコンをダブルクリックするとテキストレイヤーができる

STEP 2 テキストレイヤーには「Blur」と入力

お好きな文字を入力していただいてもかまいません。

▲テキストレイヤーに文字にを入力

文字入力が終わったら選択ツールに切り替えて、レイヤーが選択された状態にします。

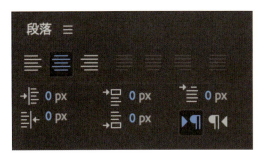

▲文字入力時に選択ツールに切り替えれば、レイヤーが選択された状態になる

STEP 3 段落パネルとテキストパネルで文字揃えと文字サイズを調整する

文字揃えは中央、文字サイズは適度な大きさにしてください。

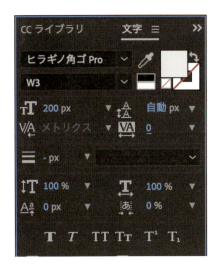

▲中揃えに設定

▲見やすいように文字を大きくする

STEP 4 [レイヤー] メニューから [トランスフォーム] [アンカーポイントをレイヤーコンテンツの中央に配置] を選択

後々動かすことも考慮してアンカーポイントを中央に持ってきておきます。

さらに、選択ツールでドラッグして文字を画面の中心付近に移動させておいてください。

STEP 5 エフェクト＆プリセットパネルで 「ブラー」を検索

エフェクトをかけるには新しく作成したレイヤーが選ばれている必要があります。

▲テキストレイヤーの名前は自動的に「Blur」になっている

▲検索窓に「ブラー」と入力

STEP 6 エフェクト＆プリセットパネルで 「高速ボックスブラー」をダブルクリック

ブラーエフェクトには、いろんなバリエーションが用意されていますが、ここではシンプルで汎用性の高い「高速ボックスブラー」を使います。

▲「高速ボックスブラー」をダブルクリックする

「Blur」レイヤーのエフェクトコントロールパネルが図のようになっていれば、OKです。

▲エフェクトコントロールに「高速ボックスブラー」が追加された

▶… ブラーで文字をぼかす

「高速ボックスブラー」エフェクトは、単にレイヤーに適用しただけでは何も起きません。ユーザーがぼかしの設定をする必要があります。「高速ボックスブラー」のプロパティは以下のようになっています。ちなみに「高速ボックスブラー」は従来の「ブラー（滑らか）（レガシー）」に代わるものです。基本的な使い方は同じです。

●「ブラーの半径」でぼかしの大きさを変える

基本的な設定はこれだけです。数値を大きくしていくと、だんだん文字がぼけてきます。さらにぼかしを大きくしていくと、やがて見えなくなります。

「繰り返し」のプロパティを大きくするほど、ぼけが滑らかになります。数値が小さいと、むらのあるぼけ方になります。通常はデフォルトの 3 でよいでしょう。

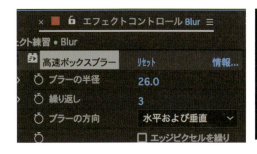 

●水平・垂直方向だけにぼかす

「ブラーの方向」のポップアップメニューで横方向、縦方向だけにぼかすこともできます。大きくぼかすと、線のようになります。

▲水平方向のみのブラー

▲垂直方向のみのブラー

●周囲に黒い影が出ないようにする

「エッジピクセルを繰り替えす」のチェックボックスは、画面いっぱいの素材をぼかした時に、周囲に出てしまう黒い影をなくすオプションです。今回のサンプルでは意味がありませんが、後々、画像や動画をぼかす時に必ず引っ掛かるポイントなので、覚えておいてください。

▲写真をぼかした時に、周囲に黒い影がでてしまったところ

▲「エッジピクセルを繰り返す」をオンにして回避する

03 エフェクトに変化を付けよう

エフェクトもプロパティを時間によって変えることで、アニメーションが作れます。ぼかしを使って文字が空中から現れるアニメーションを作ってみましょう。

4 定番エフェクトの使い方を覚えよう

▶… エフェクトのプロパティにキーフレームを設定する

エフェクトでも、アニメーションの設定方法は変わりません。プロパティにキーフレームを打つだけです。

STEP 1　現在時間を0にする

まず例によって、現在時間を0秒にセットします。

STEP 2　エフェクト＆プリセットパネルで「ブラーの半径」のストップウォッチボタンをオンにする

もちろん、Blurレイヤーが選択された状態で行います。

▲ストップウォッチをオンにする

STEP 3　文字がほとんど見えなくなるくらいまでブラーの半径の値を大きくする

入力した文字の大きさやフォントによって値は変わってきますので、値が図のとおりでなくてもかまいません。

▲ここでは262まで大きくした

エフェクトに変化を付けよう

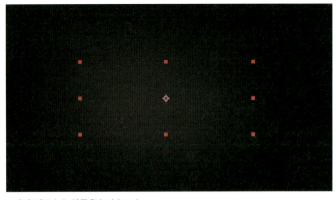

▲文字がほとんど見えなくなった

STEP 4 現在時間を1秒に進める

もう1つキーフレームを追加して、1秒後に文字が見えるようにします。

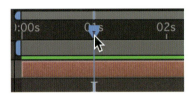

STEP 5 ブラーの半径を0にする

ブラーがかからないようにします。

STEP 6 ワークエリアを2秒までに制限する

再生前に、ワークエリア(再生範囲)を短くしておきましょう。

STEP 7　再生すると、文字が空間から現れる

再生してみましょう。文字が空間から現れたような感じになります。映画のタイトルなどでよく見られるアニメーションですね。

STEP 8　ブラーの方向を変えてみる

「ブラーの方向」のプロパティを「垂直」「水平」に変えて再生してみてください。違ったバリエーションが作れます。

このように、プロパティにキーフレームを打つことで、エフェクトを使ってアニメーションを作ることができます。

◉タイムラインにエフェクトのキーフレームを表示する

ここまでの操作では、タイムラインにエフェクトのキーフレームが表示されていません。エフェクトのキーフレームも、他のプロパティ同様に、レイヤー名左の三角マークをクリックして表示することができます。ただ、プロパティの多い場合にはちょっと面倒です。そこで、以下のショートカットを覚えましょう。

●エフェクトだけを表示する：e

レイヤーを選択して、キーボードの「e」を押すと、その下に使われているエフェクトだけが表示されます。

▲eキーを押すとトランスフォームなどのプロパティを抜かしてエフェクトだけが表示される

●キーフレームの設定されたプロパティだけを表示する：u

　レイヤーを選択して、キーボードの「u」を押すと、キーフレームが設定されている項目、今回では「ブラー」プロパティだけが表示されます。これはとても便利なので、ぜひ覚えてください。

●自動で動くエフェクトもプロパティを変えられる

　CC Star Burstのような、自動で動くエフェクトもプロパティを変化させることができます。

　たとえば、CC Star Burstの「Speed」（速度）プロパティを0秒の時は0に、2秒後に5に設定すると、最初は止まっていた星が動き出し、スピードアップしていきます。

●エフェクトを削除する

　いったん適用したエフェクトを削除するには、エフェクトコントロールパネルでエフェクト名をクリックして選択し、キーボードのdeleteキーを押します。一時的に無効にしたい時には、エフェクト名左の「fx」ボタンをクリックします。

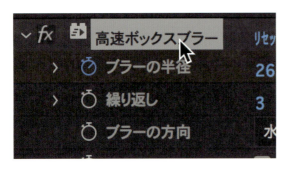

04 レンズフレアで光る玉を飛ばそう

次に使うエフェクトも定番中の定番です。画面の中がピカっと光ったり、光る玉が飛ぶ特殊効果をとてもよく見かけますね。これを簡単に実現できるのがレンズフレアエフェクトです。

4

定番エフェクトの使い方を覚えよう

▶… レンズフレアを平面レイヤーに適用する

レンズフレアは平面レイヤーに適用して使います。

STEP 1 [レイヤー] メニューの [新規] [平面] を選択する

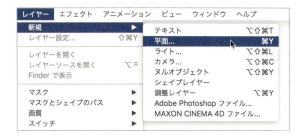

STEP 2 平面レイヤーの設定では色を真っ黒にする

サイズはコンポジションと同じサイズです。文字と合成する時の都合で、「カラー」のボックスをクリックして真っ黒を指定しておきます。レイヤー名は「レンズフレア」にします。

101

4

定番エフェクトの使い方を覚えよう

04 レンズフレアで光る玉を飛ばそう

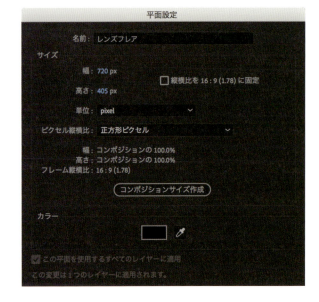

▲レイヤーの色は黒にする

　文字が見えなくなりますが、黒い平面レイヤーで隠れているだけです。気にせず続けてください。

STEP 3　エフェクト＆プリセットパネルで「レンズフレア」を検索し、ダブルクリックする

エフェクト＆プリセットパネルの検索窓に「レンズフレア」と入力します。

リストに「レンズフレア」が表示されるのでダブルクリックします。

STEP 4 画面に光る玉が現れる

　レンズフレアは、適用するだけで自動的に光る玉を描いてくれます。このエフェクトは、太陽などの強い光をカメラで撮影した時に、カメラのレンズ内部で複雑な反射が起きて、それが映像として記録される現象を真似ています。ちなみに、サードパーティ製のエフェクトの中には、素材の明るい部分からレンズフレアを作ったり、フレアの形を自由にカスタマイズできるものもあります（Red Giant 社の Knoll Light Factory や Video Copilot 社の Optical Flare など）。

　光る玉は作れましたが、黒い平面レイヤーによってテキストが隠され、文字が現れる時間になっても、画面にはレンズフレアしか表示されなくなってしまいました。そこで、2つのレイヤーを合成する作業が必要になります。

STEP 5 スイッチ／モードボタンで描画モードを表示させる

　レイヤーリストの下部にある「スイッチ／モード」ボタンをクリックして、図のようにレイヤー名の横に「モード」のポップアップメニューが表示されるようにします。「スイッチ／モード」ボタンは、単なる表示の切り替えスイッチで、クリックするたびに表示が切り替わります。

STEP 6 「モード」ポップアップメニューから「スクリーン」を選択する

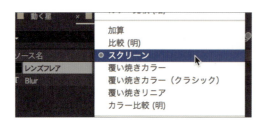

ここで言う「モード」とは「描画モード」の省略形です。描画モードは、下のレイヤーと重なる時にどんな計算をするかを指定します。

「スクリーン」は、黒い部分が透明になり、それ以外の部分は、下のレイヤーとスムーズに合成される便利なモードです。このように、黒背景の素材を合成する時にはもってこいです。同じような効果が得られるモードに「加算」があります。スクリーンとは効果が少し異なります。どちらでも好きな方を使ってください。

AEにはとてもたくさんの描画モードが用意されています。すべてを解説すると長くなってしまいますので、とりあえず「黒を透明にしたい時にはスクリーンか加算」と覚えておいてください。描画モードについては、9-05「描画モードの仕組みをちょっと見てみよう」で解説しています。

これで文字の上に光る玉が乗り、とてもAEらしいエフェクトになりました。次は、この玉を動かしてみましょう。

▶ … レンズフレアの位置を動かす

　レンズフレアが画面を横切る映像は、映画の予告編などで定番中の定番表現です。これを再現してみましょう。

STEP 1　タイムラインで現在時間を1秒にする

文字が表示された後に、レンズフレアが現れるようにします。

STEP 2　エフェクトコントロールパネルでレンズフレアを選択する

　エフェクトコントロールパネルの「レンズフレア」という名前をクリックします。レンズフレアが表示されない時には、平面レイヤーが選択されているかどうかが確認してください。

STEP 3　光球の中心に表示されたマークをドラッグして移動する

　レンズフレアの位置は「光源の位置」プロパティで変更します。数値入力でもよいのですが、画面上で移動した方が楽でしょう。レンズフレアはリアルタイムに効果が確認できますので、いろいろ動かして楽しんでください。

▲光源の位置にマークが現れる。これをドラッグして位置を変えられる

STEP 4　光源の位置を左の画面外に設定する

　今回は光源を画面の左から右に通過させます。「通過」させるためには、光源は画面の外から始まる必要があります。レンズフレアの光源の位置は画面外にも設定できます。

　プレビュー画面はマウスのホイールやトラックパッドのスクロール操作で拡大縮小できます。あるいはプレビュー画面左下のメニューから画面の拡大率を選びます。少し小さくして、画面の外が見えるようにします。

　光源の中心をドラッグして図のような位置に持ってきます。

▲光源の位置を左の画面外にセット

STEP 5　光源の位置のストップウォッチボタンをオンにする

　光源の位置を時間によって変えるため、ストップウォッチボタンをオンにします。タイムラインにはキーフレームが打たれます。

STEP 6　タイムラインの現在時間を2秒に設定する

　時間を2秒目に進めましょう。

STEP 7 光源の位置を右の画面外に設定する

　水平に動かすためには、数値入力で左の数字（X座標）だけを変更するか、shiftキーを押しながら光源の中心をドラッグすると水平に移動できます。だいたい図のような位置に設定しましょう。

STEP 8 ワークエリアを3秒まで拡げて再生する

　テキストにブラーをかけた時に、ワークエリアを2秒までに制限していたので、これを3秒まで拡げてから再生します。

　文字がじわっと現れた直後に左から右に光の玉が飛んだはずです。かなり"それっぽく"なりました！

H I N T 画面の端に白いノイズが乗る？

筆者の所では、画面の左端に白いノイズが乗ってしまうことがあります。読者のところでも再現されるかどうかわかりませんが、これが気になる方は、レンズフレアの平面レイヤーを選択してから、[レイヤー] メニューの [レイヤー設定] を選び、レイヤーサイズを少し大きく、たとえば横725pix 位にしてください。白いノイズが画面の外に追い出せます。最終的な映像をきれいに見せるためには、時にはこうした"ごまかし"も必要になります。

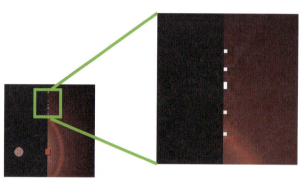

▶… レンズフレアのその他の設定項目

レンズフレアエフェクトのその他のプロパティは以下のようになっています。いろいろと試してみてください。キーフレームの打ち方は同じですから、これらのプロパティを使ったアニメーションを作ってみるのもよいでしょう。

◉フレアの明るさ

数値を大きくするほどフレアが明るくなります。このプロパティにキーフレームを打って、明るさを変化させることもできます。

●レンズの種類

　前述のように、レンズフレアはカメラのレンズの効果を再現するものです。実際のレンズでのフレアの出方はレンズの種類によって変わります。このメニューでレンズを切り替えると、フレアの出方が変わります。

●元の画像とブレンド

　レイヤーの画像とレンズフレアの混ぜ具合を決めます。数値を大きくするとレンズフレアが薄くなります。通常は初期値の0%でよいでしょう。

4
定番エフェクトの使い方を覚えよう

05 グローエフェクトで文字を光らせよう

今度は「グロー」エフェクトを使ってみましょう。グローは、レイヤーを光らせるエフェクトで、これも非常によく使われるものの1つです。これを使って、レンズフレアが通り過ぎる時に文字を光らせてみましょう。

▶… エフェクトは1つのレイヤーに複数かけられる

ブラーでぼかした文字に、もう1つエフェクトをかけてみましょう。AEでは、1つのレイヤーに複数のエフェクトをかけることができます。組み合わせや順番によっては、うまくいかない場合もあるのですが、細かいことは気にせずやってみましょう。

STEP 1 テキストレイヤーを選択する

まず、Blurという文字の入ったテキストレイヤーを選択します。

STEP 2 エフェクトコントロールパネルでブラーの「fx」ボタンをオフにする

作業がしやすいように、いったんブラーエフェクトがかからないようにします。エフェクトコントロールパネルのエフェクト名の横にある「fx」ボタンをクリックしてオフにすると、一時的にエフェクトを使わないようにできます。再度クリックすればまた有効になります。このオン・オフ機能はとても便利なのでぜひ覚えてください。

▲「fx」ボタンをクリックすると一時的にエフェクトをオフにできる

STEP 3　エフェクト＆プリセットパネルで「グロー」を検索

エフェクト & プリセットパネルの検索窓に「グロー」と入力すると見つかります。

STEP 4　検索した「グロー」をダブルクリックする

これでテキストレイヤーにグローが適用されました。エフェクトコントロールパネルには、ブラーとグローの2つのエフェクトが並んでいます。グローの場合は、エフェクトを適用した時点でうっすらと文字が光ります。

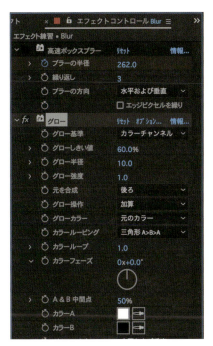

▲2つのエフェクトが並ぶ

▲すでに文字が少し光っている

▶︎… グローエフェクトの基本設定

グローエフェクトは、ブラー（滑らか）よりも設定項目が多くなります。ここでは、最低限必要なプロパティだけを解説します。また、作例のような白一色のロゴで得られる効果は限定的なので、よりわかりやすい画像を使って説明します。

◉グロー強度は光の強さ

グロー強度は光の強さを決めます。数値が高いほど、光が強くなります。ただ、作例のように白一色の場合、数値を上げてもあまり光りません。「もっと光らせたい」という時には、1つのレイヤーにグローを2回かける技があります。方法は簡単で、1つのレイヤーにグローを2回適用するだけです。

▲グロー強度1.0

▲グロー強度5.0

◉「グロー半径」でぼかしの大きさを変える

グローでは、元の画像の周りに明るいぼかしを入れることによって光っているように見えています。グロー半径は、このぼかしの大きさを調整します。ぼかしを大きくすると、光が弱まりますので、グロー強度を調整する必要があるかもしれません。グロー半径を大きくし過ぎると効果が消えてしまいます。

▲グロー半径20

▲グロー半径100

●グローしきい値で光らせるところを選ぶ

　グローしきい値の設定によって、元画像の明るさが一定以上のところだけを光らせることができます。0%では、画像全体が光り、数値が大きいほど明るいところだけが光るようになります。画像のハイライト部分だけを光らせたい時には、数値を大きめにします。今回の練習のように白一色のロゴの場合には、常に全体が光ります。

▲グローしきい値60%。元々明るいところだけが光る

▲グローしきい値25%。それほど明るくない部分も光る

定番エフェクトの使い方を覚えよう

05 グローエフェクトで文字を光らせよう

▶ … レンズフレアの光源が通過する時に文字を光らせる

それでは作例にグロー効果を加えてみましょう。レンズフレアの光源が通過する時に文字を光らせると、ちょっとリアルな感じになります。これもよく使われる表現です。

STEP 1 エフェクトコントロールパネルで
ブラーの「fx」ボタンをオンにする

Blurレイヤーを選び、エフェクトコントロールパネルで、オフにしていたブラーを再び有効にします。

STEP 2 タイムラインの現在時間を1秒に
設定する

光源が動き始めたタイミングでグローもスタートさせます。

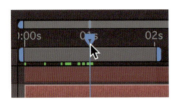

STEP 3 エフェクトコントロールパネルで
「グロー強度」を0に設定する

光っていない状態から始めます。

STEP 4 「グロー強度」のストップウォッチを
オンにする

プロパティにキーフレームを設定します。

STEP 5 タイムラインの現在時間を進めて
文字の上に光源が乗っている時にする

光源が文字の中央付近に来た時に、最も強く光るようにします。

STEP 6　グロー半径を45、グロー強度を1.0にする

値は参考です。好きな数値でかまいません。最初はグロー半径にはキーフレームを打たずにおきます。

STEP 7　現在時間を2秒にする

光源が画面の外に出て止まるところまで進めます。

STEP 8　グロー強度を0にする

文字が光るのを止めます。

再生してみると、光源の通過する時に文字が光ることで、リアリティが増していると思います。こうしたちょっとした表現の積み重ねで、エフェクトがリアルになったり、豪華になったりするわけです。

▲グローなしの場合

▲グローありの場合

▶ … グローの余韻を残してみよう

作例では光源に合わせてグローを加えましたが、光源が過ぎ去った後、グローも完全に収まってしまうと画面が何か寂しく感じます。そこで、終わった後も少しグローが残るようにしてみましょう。ちょっと趣向を変えて、グロー半径を変えてみます。

 **テキストレイヤーが選ばれている状態で
キーボードのUを押す**

タイムラインに、現在、設定されているブラーとグロー強度のキーフレームが表示されます。

STEP 2　グロー強度の最後のキーフレームを削除する

マウスでクリックして選択し、キーボードのdeleteキーを押します。こうすると最後の部分でもグローがかかりっぱなしになります。

▲最後のキーフレームを選択

▲キーボードのdeleteキーを押して削除する

STEP 3　タイムラインの現在時間をグローが一番強くかかっている時にする

これだけでは面白くないのでグロー半径を変化させます。shiftキーを押しながら現在時間マーカーをドラッグすると、キーフレームにぴったり合わせることができます。

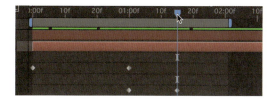

STEP 4　エフェクトコントロールパネルのグロー半径のストップウォッチをオンにする

グロー半径を変化させるためにキーフレームを打ちます。現在の設定がキーフレームに登録されます。

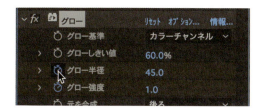

STEP 5　現在時間を2秒にする

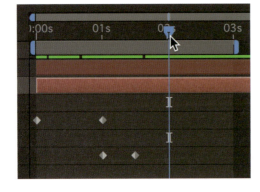

STEP 6　グロー半径を15にする

グロー半径を小さくして、文字の輪郭が薄く光るようにします。同じグロー強度でも、半径が小さいと光が強くなります。設定は15でなくても、お好みでかまいません。

これで再生してみると、ロゴの周りが光ってちょっとゴージャスな雰囲気で終わることができます。

▲最後に細くて明るいグローが残るようになった

このように、光源がない時にもうっすらと周りにグローをかける使い方は割と一般的で、ファンタジーっぽい映像では常に画面全体にグローがかかっていることも珍しくありません。

06 グラデーションの背景を付けよう

今までは、真っ黒の背景だけを使ってきましたが、ここで色の付いた背景を作りましょう。単色の背景なら、平面レイヤーを1つ作るだけですが、せっかくなのでグラデーションのエフェクトを使います。

4 定番エフェクトの使い方を覚えよう

▶ … 平面レイヤーにグラデーションエフェクトをかける

STEP 1 ［レイヤー］メニューの［新規］［平面］を選択する

　新しい平面レイヤーを作ります。大きさはコンポジションサイズで、色はエフェクトで変えるので何でもかまいません。レイヤー名は「グラデーション」にしましょう。

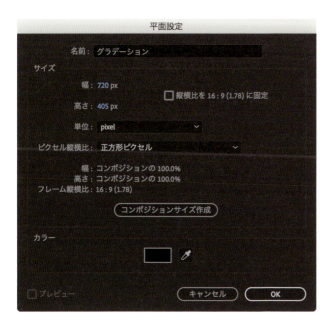

STEP 2 ［レイヤー］メニューの ［重ね順］［レイヤーを背面に移動］を選択する

作成直後には、新しいレイヤーが選択されているので、すぐにレイヤーのアレンジ機能で一番後ろ（タイムラインの一番下）に配置できます。

▲レイヤーメニューのアレンジには、レイヤーの重なり順を変える機能が揃っている

STEP 3 エフェクト＆プリセットパネルで 「グラデーション」を検索してダブルクリック

「4色グラデーション」と「グラデーション」がありますが、今回はシンプルな「グラデーション」を使います。

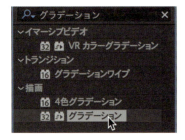

エフェクトを適用するとすぐに黒から白へのグラデーションがかかります。

STEP 4 エフェクトコントロールパネルの「終了色」のカラーボックスをクリック

白から黒では味気ないので色を変えます。グラデーションエフェクトは、開始色と終了色の間をスムーズに繋いでくれます。

STEP 5 濃い青色に設定してOKボタンをクリックする

これでグラデーションの背景ができました。また少しゴージャスになったと思います。背景をグラデーションにするというのは、動画をちょっと豪華に見せる基本テクニックの1つです。プロの作品を良く観察すると、背景が単色に見えても、実はうっすらとグラデーションや模様が入ってることが多いです。

▶… グラデーションエフェクトの設定項目

グラデーションエフェクトには、以下のようなプロパティがあります。また、グラデーションのプロパティもキーフレームを打って変化させることができます。グラデーションの色などを変化させることでも、画面に動きや奥行きを与えることができます。

●グラデーションの始まりと終わりを設定

「グラデーションの開始」は開始色の位置を、「グラデーションの終了」は終了色の位置を設定します。設定によってたとえば、中心付近だけにグラデーションがかかるようにもできます。

▲開始位置と終了位置を近づけた例

●グラデーションの形を直線状と放射状から選択

「グラデーションのシェイプ」は、グラデーションの形を選択します。

▲放射状のグラデーション。わかりやすいように色を明るくし、開始位置と終了位置も調整した

もう1つの「グラデーションの拡散」は、色のつなぎ目が帯のように見えてしまう時に数値を上げます。

●元の画像とグラデーションを混ぜる

色つきのレイヤーや、画像や動画素材にグラデーションエフェクトをかけた時には、「元の画像とブレンド」の数値を上げると、レイヤーの色にグラデーションの色が混ざります。

07 フラクタルノイズで霧を出そう

シンプルなグラデーションも美しいですが、背景に動きを与えるために、霧のような効果を出してみましょう。フラクタルノイズは、そんな場合にうってつけの定番エフェクトです。

4 定番エフェクトの使い方を覚えよう

▶ … 平面レイヤーにフラクタルノイズエフェクトをかける

いつものようにエフェクトの土台となる平面レイヤーを作ります。

 STEP 1 グラデーションのレイヤーを選択し、[レイヤー]メニューの[新規][平面]を選択する

グラデーションのかかったレイヤーの真上に新しいレイヤーが作られます。色は何でもよいです。

▲グラデーションのレイヤーを選択しておく

▲平面レイヤーを作成する

レイヤー名は「フラクタルノイズ」とします。

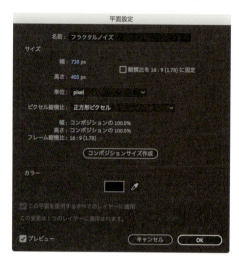

▲新しい平面レイヤーが追加された

STEP 2 エフェクト＆プリセットパネルで、「フラクタルノイズ」を検索してダブルクリック

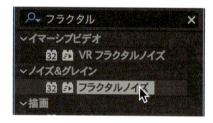

画面に霧のようなパターンが現れます。これがフラクタルノイズです。

フラクタルノイズには、たくさんのプロパティがありますが、どれもとても効果がわかりやすいので、自分で数値や設定を変えてみればすぐにわかると思います。

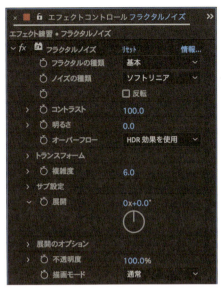

▲フラクタルノイズのプロパティ。数は多いがいじってみればすぐに理解できるものがほとんど

▶… フラクタルノイズを動かす

フラクタルノイズは、そのままでは動いてくれません。キーフレームを設定して霧を動かします。

 現在時間を
0にする

 エフェクトコントロールパネルで、
「展開」のストップウォッチをオンにする

展開プロパティはノイズの形を変えます。丸いコントローラーをドラッグして回してみると効果がわかるでしょう。

STEP 3　現在時間を5秒にする

レンズフレアが去った後、しばらくフラクタルノイズが楽しめるようにします。

STEP 4　エフェクトコントロールパネルで、「展開」を5×+0.0°にする

「5×+0.0°」は、回転系のプロパティに使われる表現で、5回転+0度という意味です。展開は回転するわけではありませんので、何回転という言葉は気にしなくて大丈夫です。単に、十分な変化が得られる値を入れただけです。

現在時間を動かしてみると、霧が変化しているのがわかります。

STEP 5　描画モードを「乗算」にする

フラクタルノイズでグラデーションが隠れてしまっているので合成します。レンズフレアの時と同じように、ウインドウ下部の「スイッチ/モード」ボタンで、レイヤー名の右に描画モードが表示されるようにします。

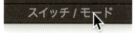

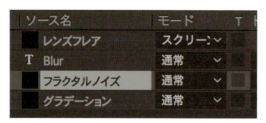

▲レイヤー名の右にモードのポップアップメニューが現れる

今回は「乗算」を選びます。すると、下の方の青い部分だけに濃淡が付きます。乗算で重ねると、上下どちらかのレイヤーが黒ければ、そこが黒くなります。グラデーションの上方は黒いので、フラクタルノイズも黒くなり、下の方はフラクタルノイズの黒い部分によって、背景の青が黒くなります。他のモードもいろいろ試して見てください。

▲元の状態。効果が見やすいように文字やレンズフレアを隠して表示

▲描画モードを「乗算」にしたところ。下のグラデーションとブレンドされる

 ワークエリアを5秒まで伸ばして再生する

フラクタルノイズの動きによって、余韻が残るようになりました。

再生すると、背景に霧のような動きが追加されます。このように、背景に目立たない程度の動きを加えておくと、見る人を退屈させない効果があり、よく使われています。

  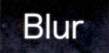 

● **エフェクトの効果を少しずつ覚えていこう**

この章では、いろいろなエフェクトを使い、それぞれのプロパティをキーフレームで動かすことで、1つのアニメーションを作り上げました。この作業を通して、AEの使い方がだいぶわかってきたのではないでしょうか。これまでに覚えた知識だけでも、かなりの動画制作が可能なはずです。

今回使ったエフェクトは定番のものですので、ぜひとも使い方を覚えてください。エフェクトは、それぞれ異なるプロパティを持ち効果も様々です。数が非常に多いので、上級者やプロも必ずしもすべてのエフェクトの使い方を覚えているわけではありません。ただ、普段からいろいろなエフェクトを試しておくことで、何か新しいものを作る時に、「そういえばこんなエフェクトがあったな」と思い出すことができます。さらに、エフェクト同士を掛け合わせることで表現が拡がります。経験を積んでいくことで、エフェクトの組み合わせもノウハウとして蓄積されていきます。

05

ＡＥの醍醐味、パーティクルを使ってみよう

After Effectsでは、多種多様なエフェクトが使えますが、中でも花形と言えるのがパーティクルエフェクトです。大量の粒子を飛ばすパーティクルエフェクトは、ＡＥ使いなら是非とも覚えておきたい機能です。

5

AEの醍醐味、パーティクルを使ってみよう

01 パーティクルはAEの醍醐味！

粒子を飛ばしてキラキラなどを表現する「パーティクル」はエフェクトの華です。パーティクルは設定項目が多く、上級者向けのイメージがありますが、AEの一番美味しいところの1つですから、簡単なものだけでも是非やってみましょう。

▶…「パーティクル」は、粒子＝ピクセルを飛ばすエフェクト

テレビや映画には、細かい星や粒子が飛び交っているシーンがよくあります。SFはもちろん、タイトルやアイキャッチでもお馴染です。またコンサートを彩るスクリーンの映像にもキラキラした粒子が欠かせません。こうした表現に使われるのが「パーティクル」エフェクトです。AEにも標準で数種類のパーティクルエフェクトが搭載されているほか、サードパーティ製のパーティクルエフェクトもあります。

数千、数万の粒子や星を手作業で描いてスムーズに動かすのはとても大変、というよりも不可能ですが、パーティクルエフェクトを使えば、好きな場所から自動的に「粒子（パーティクル）」を飛ばしてくれます。さらに飛び出した粒子は、慣性や重力といった物理法則に従って自動的に動きます。粒子の形や動きを変え、さらに他のエフェクトと組み合わせることで、爆発、炎、水、雲、煙、星など、様々な表現に使われます。

「パーティクル」は、AEだけでなく映像やCGの世界で一般的に使われる用語です。AEに付属のパーティクルエフェクトには、「パーティクルプレイグラウンド」「CC Particle Systems II」「CC Particle World」の3種類があります。粒子を飛ばすという基本機能は共通ですが、それぞれ使い方やできることが異なります。

パーティクルは、ホースから水が出る様子をイメージするとわかりやすいかもしれません。蛇口をひねるとホースの口から勢い良く水が出ます。いったん放出された水は、慣性の法則に従って飛んで行き、重力に引かれて落ちて行きます。ただし、パーティクルはホースや水よりもずっと自由です。設定次第でいろいろなものに変化します。

パーティクルエフェクトでは、まずホースの口に相当するものを「放出源」として設定します。放出源自身はレンダリング画面には現れません。

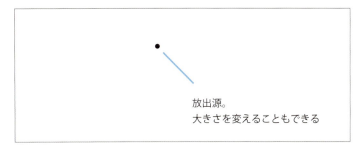

放出源。
大きさを変えることもできる

　放出源から出るのは、水ではなく画像です。画像はシンプルな点の時もあれば、円や球、星、さらにはユーザーが描いた絵や映像の時もあります。時間の経過とともに、放出源からは次々と画像が吐き出されてきます。

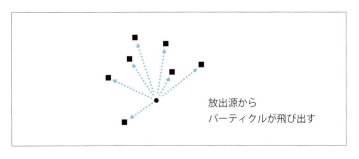

放出源から
パーティクルが飛び出す

粒子だけでなく、
色々な画像や映像を飛ばせる

　放出源から出たピクセルは、そのまま飛んでいったり、重力に引かれて落ちて行ったり、空気抵抗を受けて遅くなったりします。

　パーティクルは、このようにして大量のピクセルを画面にちりばめることができます。実際のエフェクトでは、放出源のサイズや放出角度を変えたり、粒子の形や量、速度といったプロパティを変更するなどして、様々な表現が可能になります。

5

AEの醍醐味、
パーティクルを
使ってみよう

02 実際にパーティクルを飛ばしてみよう

パーティクルを飛ばすのは意外と簡単です。プロパティの数が多いので、とりあえず最低限のものだけを覚えましょう。

▶… CC Particle Systems IIを使う

　AEには3種類のパーティクルエフェクトがあります。ここでは「CC Particle Systems II」を使います。インタフェースが日本語化されている「パーティクルプレイグラウンド」よりも、シンプルで使いやすいと思います。

 新規コンポジションを作成する

STEP 1

　パーティクル練習用のコンポジションを作ります。名前は「パーティクル」とします。

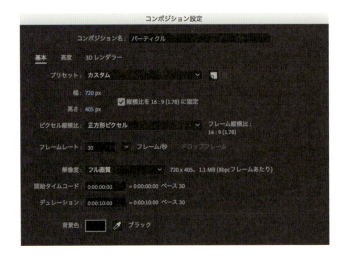

STEP 2 [レイヤー] メニューの [新規] [平面] を選択する

新しい平面レイヤーを作ります。大きさはコンポジションサイズで、色は白にしておきます。レイヤー名は「飛び出す星」にしておきます。

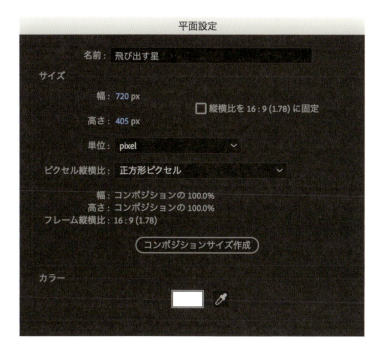

STEP 3 エフェクト＆プリセットパネルで "Particle" を検索してダブルクリック

CC Particle Sytems II が表示されたらダブルクリックします。

STEP 4 現在時間マーカーを
ドラッグしてパーティクルを確認

　現在時間が0の時は、パーティクルがまだ発生していません。現在時間マーカーをドラッグすると、画面の中心からライン状のパーティクルがシャワーのように発生する様子がわかります。再生して実際の動きも確認してみてください。

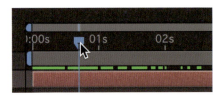

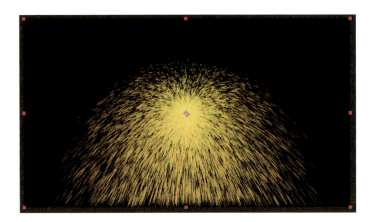

●パーティクルの使い方にはパターンがある

　パーティクルにはたくさんのプロパティがあり、組み合わせによって効果が変わります。それぞれのプロパティを個別に解説していっても、なかなか使い方を把握するのは難しいと思います。パーティクルの使い方にはいつくかのパターンがありますので、この後は作例を通してプロパティとその効果を覚えていきましょう。また、パーティクルは動きのあるエフェクトですから、以降の練習では、プロパティを変更する度に再生したり現在時間を動かして効果を確認しながら進めてください。

03 星が連続して飛び出すエフェクト

まずはとても基本的なエフェクトです。星が連続して飛び出すようにしてみましょう。

5

とにかく
エフェクトを
1つ作ってみよう

▶ … パーティクルの形を星にする

STEP 1 現在時間を2秒にする

時間が0の時はパーティクルが発生していないので、時間を進めてパーティクルを目で確認できるようにします。

STEP 2 「Particle Type」（パーティクルの形）を「Star」に変更する

「Particle Type」（粒子の種類）は、エフェクトコントロールパネルのParticleグループの中にあります。Particle Sytems IIには、様々な粒子の形が用意されています。ついでにいろいろと選んで、どんな粒子が用意されているか確認してみてください。

粒子をStar（星）に変えただけで、雰囲気が大きく変わります。ちなみにこの形の星は、結構テレビのタイトルなどで見かけます。皆さんも、これからはテレビを見ながら「お、AEの星だ！」と思うことでしょう。

STEP 3 「Physics」（物理）の「Gravity」（重力）を0にする

　出てきた星は、画面の下の方に落ちていきます。これは重力が設定されているためです。Physics内の「Gravity」（重力）をゼロにすると、星が下に落ちなくなります。マイナスの値にすると、逆に風船のように上昇するようになります。

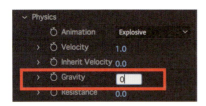

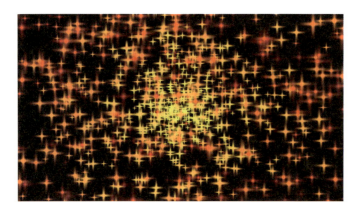

STEP 4 「Birth Rate」（放出量）を1.0にする

　ちょっと星の量が多すぎるので減らしましょう。「Birth Rate」がパーティクルの放出量を決めます。

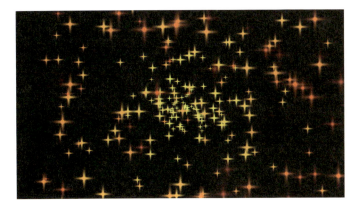

STEP 5 「Longevity」(寿命)を 0.5にする

　星が画面の外にまで飛び出していますが、これを画面内で消えるようにしましょう。1つ1つのパーティクルには寿命があり、一定時間を過ぎると消えるようになっています。その長さを決めるのが、「Longevity」です。

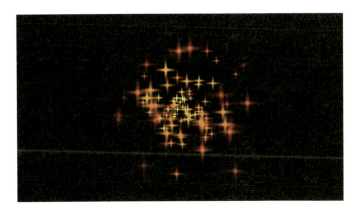

　これで、画面の中心から星が拡がるエフェクトができました。これでもうあなたも立派なパーティクル使いです。基本的な使い方は意外と簡単なことがわかったと思います。しばらく再生して楽しんでください。

04 画面いっぱいに拡がる星空

放出源のサイズを大きくすると、画面全体からパーティクルを発生させることもできます。また、パーティクルを動かさないようにすることも可能です。

▶ … 放出源を大きくして、粒子を止める

STEP 1 「飛び出す星」レイヤーを非表示にして、新規平面レイヤーを作成、CC Particle Systems II を適用する

前の練習で作ったレイヤーを非表示にして、新しいレイヤーを作ります。作り方は「5-02 実際にパーティクルを飛ばしてみよう」と同じですが、レイヤー名は「星空」とします。CC Particle Systems II を適用してください。

▲前に作ったレイヤーを隠す

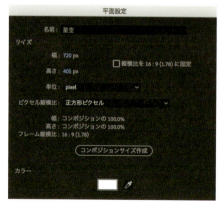

▲新規平面レイヤーを作成。名前は「星空」

▲CC Particle Systems IIを適用する

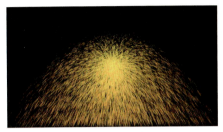
▲デフォルトのパーティクルが表示される

※次の練習から、ここまでの説明は省略します。

STEP 2　現在時間を2秒にする

時間を進めてパーティクルが見えるようにします。

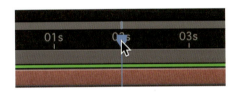

STEP 3　「Particle Type」（パーティクルの形）を「Faded Sphere」（ぼやけた球）に変更する

　星空の場合、星の1つ1つは小さいので、星形よりも円形の方が自然な感じになります。もちろん、お好みで星型を選んでもかまいません。

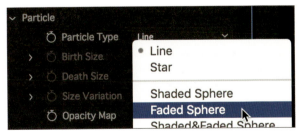
▲Particle TypeにFaded Sphereを選択する

▲ぼやけた球が拡がるようになる

 STEP 4 「Physics」(物理)の「Velocity」(速度)を0にする

　通常、空の星は止まって見えるので、パーティクルが飛び出す速度をゼロにします。Velocityが速度のプロパティです。0にすると、発生した地点で止まるはず、なのですが、実際にはだらだらと下に落ちていってしまいます。

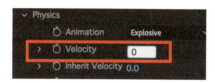

▲Velocityをゼロにする

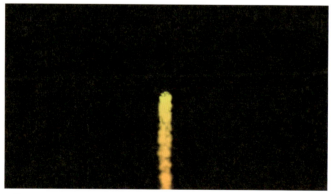

▲粒子が一直線に下に落ちるようになる

 STEP 5 「Physics」(物理)の「Gravity」(重力)を0にする

　速度をゼロにしても、重力があると粒子は下に落ちていきます。重力もゼロにしましょう。

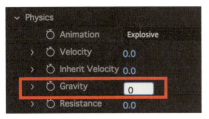

粒子は画面の中央で止まるようになりました。

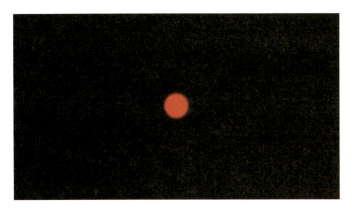

STEP 6 「Producer」（放出源）の「Radius X」（横半径）と「Radius Y」（縦半径）を調整する

　CC Particle Systems II の放出源は楕円形をしており、縦横の半径でサイズを指定します。それぞれ大きくして、画面いっぱいに拡がるようにします。

▲Radius X、Radius Yの両方を120に設定

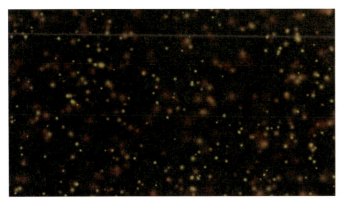

▲画面全体から粒子が発生するようになった

141

STEP 7 「Particle」(粒子)の「Birth Size」(生れた時の大きさ)と「Death Size」(消える時の大きさ)を0.05にする

星のサイズを小さくします。パーティクルのサイズは、Longevityで指定された時間の中で、Birth SizeからDeath Sizeに変化します。今回はずっと同じ大きさにします。

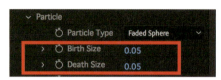

▲パーティクルサイズを小さくする

▲星が小さいので印刷ではちょっと見づらいかもしれません

STEP 8 「Size Variation」(サイズのバリエーション)を100にする

星の大きさの種類を増やすために、Size Variationを100にします。

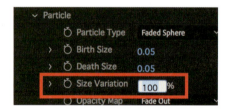

STEP 9 「Longevity」（寿命）を 10.0 にする

このままでは星のまたたきが多すぎて落ち着かないので、星の寿命を長くします。

まだちょっとチカチカし過ぎな気がしますが、とりあえずこれで星空の完成とします。

HINT　チカチカを止めるには、途中で放出を止める

チカチカが気になる場合には、十分な星が発生したあとで、Birth Rate（放出量）をゼロにして発生を止める方法があります。方法は、次の爆発エフェクトが参考になるでしょう。

HINT　複数のパーティクルを重ねる時には、Random Seed を変える

もっと星のバリエーションを増やしたいと思う方もいるでしょう。1つのパーティクルエフェクトでできることには限りがありますが、2つ以上のパーティクルエフェクトを使って重ねれば、その限界を越えることができます。たとえば、CC Particle Systems II を使った平面レイヤーをもう1つ用意して、粒子サイズを変えて重ねると、もっと多くの星のバリエーションが作れます。

ただ、複数レイヤーに同じエフェクトを適用すると、全く同じ位置にパーティクルを発生させてしまうことがあります。その時には、レイヤーごとに Random Seed（乱数の種）プロパティの値を変えるとよいでしょう。これを変えると、全く同じ設定のエフェクトでも、違った効果が得られます。Random Seed はいろいろなエフェクトにあるプロパティですから、覚えておきましょう。

AEの醍醐味、パーティクルを使ってみよう

05 花火のような爆発効果

爆発効果を得る時のポイントは、一瞬だけパーティクルを発生させることです。プロパティにキーフレームを打って放出量をコントロールします。

▶ … 放出量にキーフレームを打って一瞬だけ出す

爆発表現では、Birth Rateにキーフレームを打って、一瞬だけ大量のパーティクルを発生させます。

STEP 1 新規平面レイヤーを作成し、CC Particle Systems II を適用する

レイヤー名は「爆発」とします。他のレイヤーは非表示にしてください。

STEP 2 現在時間を0にする

今回はキーフレームを打つので、現在時間0から始めます。

STEP 3 「Birth Rate」(放出量) のストップウオッチをオンにして、値を0にする

まず、何も放出しないところから始めます。

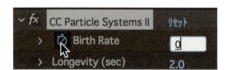

STEP 4　タイムラインを一コマ進めて、Birth Rate を 10 にする

　タイムラインを一コマだけ進めるには、キーボードの page down キーを使うと便利です。page up キーで一コマ戻れます。あるいは、プレビューパネルのコマ送りボタンを使います。

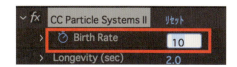

▲正確な時間はプレビューエリア下の数字で確認できる。最後の桁がコマ数を表している

　一コマでたくさんの粒子を出すために、Birth Rate を 10 にします。

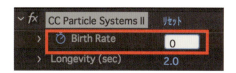

STEP 5　さらにタイムラインを一コマ進めて、Birth Rate を 0 にする

　一コマだけで放出を止めるために、次のコマで再び Birth Rate をゼロにします。

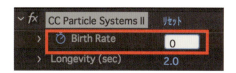

　再生してみましょう。パーティクルの放出を一瞬で止めることで、爆発っぽくなることがわかると思います。もう少し手を加えてみましょう。

STEP 6　PhysicsのVelocity（速度）を10.0にする

より爆発らしくするには、飛び出すスピードを速くします。一気にはじけるような感じになりました。

▶… 花火っぽくするには空気抵抗を増やす

爆発にもいろいろ種類があります。打ち上げ花火的な爆発の場合には、最初の爆発で拡がった火花が、空気抵抗で減速してゆっくりと落ちていきます。

STEP 1　PhysicsのResistance（抵抗）を200にする

「Resistance」（抵抗）の数値を、たとえば200にすると円状に拡がった火花が一気に減速して、ゆっくりと落ちていきます。

ちなみに、狙ったところでパーティクルを止めるために、あるタイミングで急激に抵抗を増やすというテクニックもあります。

STEP 2　Longevity（寿命）を 10 にする

火花が消えるまでの時間を長くします。

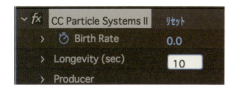

STEP 3　Particle の Opacity Map（不透明度の変化）を Oscillate（点滅）にする

Particle の Opacity Map（不透明度の変化）を「Oscillate」（点滅）にすると、チカチカしながら落ちるようになります。

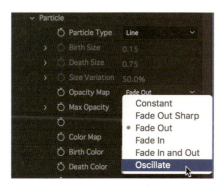

また、爆発には煙が付き物ですから、別途、煙のパーティクルを作って合成することで、また違った雰囲気の爆発を作ることができます。

HINT　爆発はレンズフレアと併用すると迫力が増す

実際の爆発では、しばしば最初に強い光が出ます。これをパーティクルだけでやるのは難しいので、タイミングを合わせてレンズフレアを一瞬光らせると、よいでしょう。巨大な爆発表現では、先にレンズフレアを光らせてから、しばらくして粒子が飛び散るようにすると、より迫力が増します。

5

AEの醍醐味、
パーティクルを
使ってみよう

06 パーティクルで火を燃やそう

たくさんのパーティクルを重ねると、"粒子"のイメージとは異なる映像を作ることができます。ここでは火を燃やしてみましょう。

▶… 粒子サイズを大きめにして重ねる

炎の表現では、大きめのパーティクルを重ねてボリュームを出します。また CC Particle Systems II には、炎向けの放出スタイルが用意されています。

 STEP 1 新規平面レイヤーを作成し、CC Particle Systems II を適用する

レイヤー名は「炎」とします。他のレイヤーは非表示にしてください。

▲レイヤーの状態

 **STEP 2** 現在時間を2秒にする

今回はキーフレームを打たないので、パーティクルが見える状態で作業します。

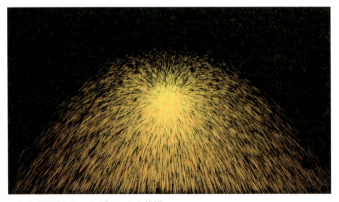

▲もうお馴染になったデフォルト状態

STEP 3 PhysicsのAnimationを「Fire」(火)にする

PhysicsのAnimationプロパティは、粒子の飛び方を設定します。Fireは、まさに火が燃えるような動きを再現します。

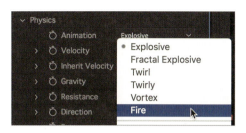

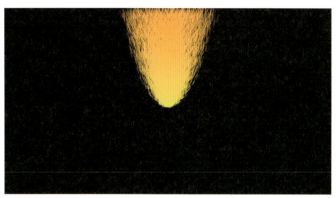

▲ AnimationをFireにすると、粒子が渦を巻いて上昇する

STEP 4 ParticleのParticle Typeを「Faded Sphere」(ぼやけた球)にする

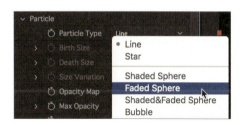

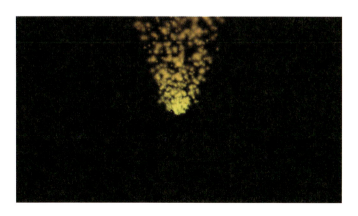

STEP 5 Birth Size（生れる時の大きさ）、Death Size（消える時の大きさ）を大きくする

　Birth Size（生れる時の大きさ）を0.3、Death Size（消える時の大きさ）を1.25にします。

　粒子同士が重なってボリュームが出てきました。ボリュームを増す方法としては、粒子サイズのほか、放出量を増やす方法もあります。

STEP 6 Size Variation（大きさのバリエーション）を100にする

　粒子サイズのバリエーションを増やします。

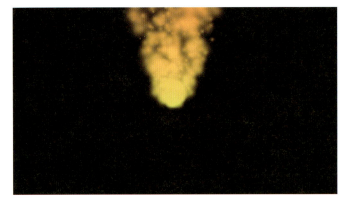

STEP 7　Producer（放出源）の位置を下に持ってくる

上の方が隠れてしまうので、全体を下に持ってきましょう。Producer（放出源）のPositionの2番目の数字（Y座標）を330にします。

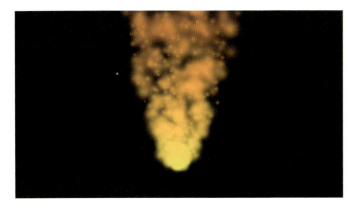

かなりよい感じになってきましたが、まだ泡のような雰囲気です。

STEP 8　Longevity（寿命）を0.8にする

粒子の寿命を0.8と短くします。

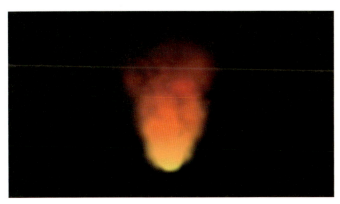

寿命を短くすると、生れてからサイズが大きくなる速度も上がり、粒子同士の重なりがより大きくなります。
　また、粒子の色はBirth Color（生れた時の色）からDeath Color（消える時の色）に変化します。寿命を短くすると、色の変化も早くなり、赤い色が見えるようになりました。

STEP 9　ParticleのTransfer Mode（描画モード）をScreen（スクリーン）かAdd（加算）にする

　ParticleのTransfer Mode（描画モード）をScreen（スクリーン）かAdd（加算）にすることで、粒子の密度が高いところが明るくなり、燃えている感がより高まります。

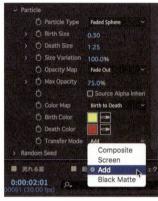

▲Transfer ModeをScreenかAddに切り替える

▲パーティクルが数多く重なっているところが明るくなる

　これで炎の動画ができました。

　さらに、ProducerのRadius X（放出源の横サイズ）を大きくし、Birth Rateを上げると、広い範囲で燃えているような感じになります。

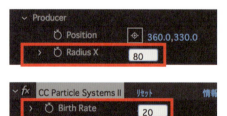

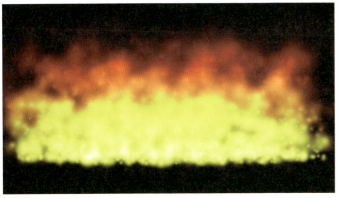
▲放出源のサイズと放出量を変えるだけで大きな炎に変わる

　このように、パーティクルはプロパティの設定次第で様々な表現が可能です。いろいろと試してみてください。

HINT　放出源のPositionにキーフレームを打って動かす

Producer（放出源）のPosition（位置）プロパティにキーフレームを打って動かすと、パーティクルの発生する場所を移動できます。画面の中をキラキラしたものが横切るような効果にはこれを使います。

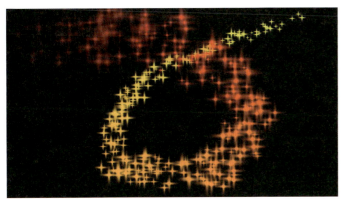
▲放出源の位置にキーフレームを設定した例

HINT　本気でやりたい人にはTrapcode Particularがお勧め

パーティクルを駆使した映像表現を追求したいと言う方は、早めにTrapcode Particular（トラップコード・パーティキュラー）というサードパーティープラグインを購入することをお勧めします。Particularは、「AE用、プロのお勧めプラグイン」のようなランキングにほぼ必ず入ってくるような定番プラグインで、AE標準のエフェクトでは難しい表現も行えます。プロの発信する作例にもよく登場します。それなりに値段は張りますが、本気でAEを使いたいなら購入する価値はあるでしょう。

●3次元のパーティクルもある

　最後にもう1つのAE標準パーティクルエフェクト「CC Particle World」を紹介しておきます。これは、CC Particle Systems IIの3次元版と言えるものです。最も大きな違いは、パーティクルをいろんな角度から眺められるという点です。

　平面レイヤーにCC Particle Worldを適用してエフェクトを選択すると画面左上に箱のようなコントローラーが表示されます。これを選択ツールでドラッグするとパーティクルを見る角度を自由に変えることができます。また、見る角度は9章で紹介するカメラとも連動します。

　基本的なプロパティはCC Particle Sytems IIとほぼ同じですので、パーティクルと3次元に慣れてきたら使ってみてください。

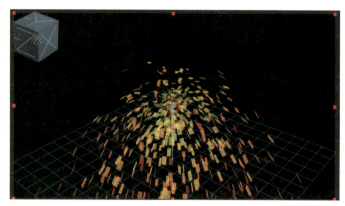

▲CC Particle Worldの画面

06

初心者にも便利な
エクスプレッションを覚えよう

エクスプレッションは、レイヤーやエフェクトのプロパティをプログラムで自動制御する機能です。プログラムというと難しく思えるかもしれませんが、初心者でも簡単なエクスプレッションを覚えておくと、大変便利です。

6

初心者にも便利な
エクスプレッション
を覚えよう

01 とりあえずエクスプレッションを使ってみよう

エクスプレッションの便利さは、説明するよりもとりあえず体験する方がわかりやすいと思います。最初の練習では、レイヤーを"適当に"動かしてみましょう

▶… レイヤーにエクスプレッションを設定する

まずは、レイヤーに簡単なエクスプレッションを設定してみます。

 新規コンポジションを作成する

いつものように[コンポジション]メニューの[新規コンポジション]を選択します。コンポジション名は「エクスプレッション」とします。

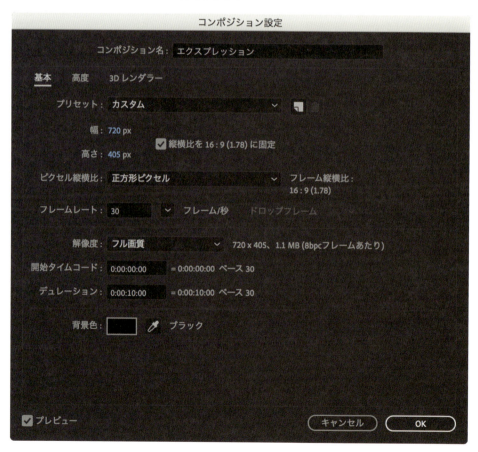

STEP 2　新規に平面レイヤーを作成する

［レイヤー］メニューの［新規］［平面］で新しい平面レイヤーを作ります。今回の大きさは 50×50 ピクセルと小さくします。色は白。レイヤー名は「ウイグル」にしましょう。プレビューエリアに小さな白い四角形が登場します。

STEP 3　位置のプロパティを表示する

「ウイグル」レイヤーを選択してキーボードの「p」を押すと、位置プロパティだけが表示されます。

STEP 4　位置プロパティを選択した状態でアニメーションメニューの［エクスプレッションを追加］を選択

位置プロパティのストップウォッチボタンをキーボードの option キー（Windows では Alt キー）を押しながらクリックしても同じことができます。

157

図のように、位置プロパティの下に新しい行が表示され、右側には入力欄が現れます。中には「transform.position」と入力されている筈です。意味がわからなくても、とりあえず、そのまま次のステップに進んでください。

▲エクスプレッションのスイッチと入力欄が現れる。エクスプレッションを設定したプロパティの数値は赤くなる

STEP 5 半角で wiggle(2,200) と入力する

自動的に入力されていた「transform.position」を消して、

wiggle(2,200)

と入力します。文字は半角で入力します。文字間にスペースは要りません。

STEP 6 欄外をクリックしてエクスプレッションを確定する

入力欄の外をクリックすると、入力が終了します。キーボードのテンキーの enter キーを押しても確定できます。テンキーではない enter キーや Mac の return キーでは改行になってしまうので注意してください。

これだけで立派なエクスプレッションの完成です。

STEP 7　再生するとレイヤーが揺れる

再生してみるとレイヤーが上下左右にゆらゆらと揺れます。1つもキーフレームを打たないのに、複雑な動きが実現できました。これがエクスプレッションです。とても便利なことがおわかりになったと思います。

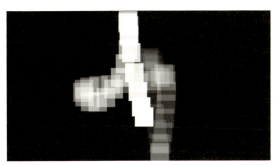

▲エコーエフェクトを加えてレイヤーの動きが見えるようにした。ちなみに、ウイグルレイヤーをプリコンポーズしないとエコーエフェクトが使えない（プリコンポーズとは、レイヤーをコンポジションに変換する機能です。詳細は8章で解説します）

◉エクスプレッションを一時的に無効にする

エクスプレッションを設定したプロパティに表示される「＝」のボタンをクリックして「≠」にすると、一時的にエクスプレッションを無効にできます。

▶ … エクスプレッションは命令や計算式でプロパティを変える

エクスプレッションは、先ほどの入力欄に記入したような命令や計算式に従ってレイヤーやエフェクトのプロパティを変える機能です。入力したwiggle（ウイグル）とは、"揺らす"という意味で、エクスプレッションで使える命令の1つです。この命令をセットしたプロパティの数値は、時間の経過とともに"ゆらゆら"と変化します。

wiggleの後に続く数字、(2,200)は、それぞれ（1秒間に揺れる回数、揺れる大きさ）を指定しています。つまり、1秒間に2回、最大200ピクセルの幅で揺れることになります。たとえば、wiggle (10,300) とすると、もっと激しく動きます。

wiggleでは、揺らす基準点はレイヤーの最初の位置（あるいはキーフレームで指定された位置）になります。ですから、レイヤーを移動させてから再生すると、また新しい場所で揺れてくれます。

なお、wiggleは数値なら何でも揺らすことができますので、位置だけでなく、回転や不透明度、エフェクトのプロパティにも使えます。いろいろとやってみてください。

初心者にも便利なエクスプレッションを覚えよう

01 とりあえずエクスプレッションを使ってみよう

◉wiggle はキーフレームと併用することもできる

wiggle はキーフレームと併用できます。たとえば、あらかじめ左から右に動くキーフレームを設定したレイヤーに、エクスプレッションで wiggle を追加すると、揺れながら左右に移動するようになります。

◉さくっと動かせるエクスプレッションは実験や練習に最適

AE には数えきれないほどの機能やエフェクトがあり、それらの使い方を覚えるためには、自分で実験・練習するのが一番です。実験や練習では、レイヤーやエフェクトに「とりあえず動いていて欲しい」ことがよくあります。そんな時に、wiggle やこの後紹介する time のようなエクスプレッションを使うと、すぐに動かせるので効率良く学習できます。wiggle では、数値を書き換えるだけで動きの大きさや速さを変えることができ、この点でもキーフレームより簡単です。初心者こそエクスプレッションを上手く活用すべきだと思います。

なお、エクスプレッションに限らずプログラミングでは「関数」という用語が出てきますが、本書では初心者が混乱するのを避けるため、「命令」と「計算式」という言葉だけ使っています。プログラミング経験者の方はご了承ください。

02 レイヤーを時間の経過に合わせて自動的に動かしてみよう

6 初心者にも便利なエクスプレッションを覚えよう

エクスプレッションの命令でもう1つ覚えておきたいのが「time」です。wiggleと並んで、とりあえず動いて欲しい時に非常に便利な命令です。

▶ … エクスプレッションに time を設定する

STEP 1 「ウイグル」レイヤーを非表示にして新しく平面レイヤーを作成する

今度はサイズを500×20にして、横に細長い平面レイヤーを作ります。
名前は「タイム」にしましょう。色は同じく白です。ウイグルレイヤーは非表示にしておきましょう。

▲ウイグルレイヤーは非表示にしておく

▲新規レイヤーを作成、サイズを横長にして、レイヤー名は「タイム」にする

初心者にも便利な
エクスプレッション
を覚えよう

02 レイヤーを時間の経過に合わせて自動的に動かしてみよう

STEP 2 「タイム」レイヤーの回転プロパティを表示させ、エクスプレッションを追加する

キーボードの r を押すと回転プロパティだけを表示できます。回転プロパティを選択して、[アニメーション] メニューの [エクスプレッションを追加] を選択します。

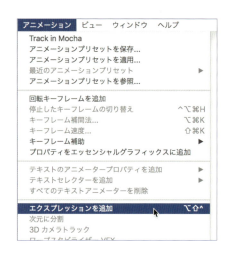

STEP 3 エクスプレッションの入力欄に、time と入力する

半角で **time** と入れるだけです。

STEP 4 欄外をクリックしてエクスプレッションを確定する

たったこれだけでレイヤーが自動的に回転してくれます。

STEP 5 再生すると レイヤーがゆっくりと回転する

非常にゆっくりとですが、回転しています。

●timeは現在時間を数値にしてくれる

「time」を使うと、現在の時間を数値として取り出せます。時間が進むにつれて、timeから得られる数値が増えるので、それが回転プロパティに反映されて自動的に回転していきます。

現在時間を1秒にしてみてください。回転のプロパティが1.0°になっています。回転プロパティでtimeを使うと、1秒間に1度回転します。

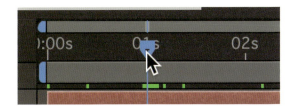

▲現在時間を1秒にすると、毎秒1度ずつ回転していることがわかる

▶… timeによる動きをもっと速くする

timeの値を何倍かにすることで、スピードアップが可能です。

STEP 1 エクスプレッションの 入力欄をクリックする

クリックすると、編集できます。

STEP 2 time*100 と入力する

`time*100`

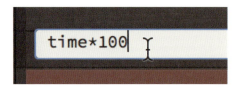

　time と 10 の間にある半角の ＊（アスタリスク）は、プログラミングでは掛け算を表します。「time*100」とは、「現在時間×100」という意味になります。
　再生すると、レイヤーがさっきの 100 倍の速度（1 秒に 100 度）で回転します。

▶… timeでフラクタルノイズを動かしてみよう

次に、エフェクトのプロパティを time で動かしてみましょう。

STEP 1 「タイム」レイヤーを非表示にして新しく平面レイヤーを作成する

　今度は「コンポジションサイズ作成」ボタンをクリックして、コンポジションと同じサイズにします。名前は「エフェクトに time」にします。

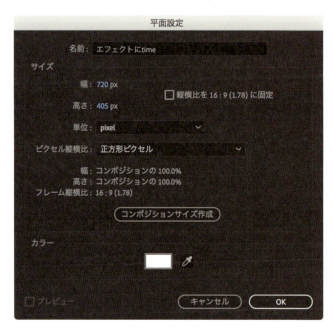

▲「タイム」レイヤーは非表示にする

STEP 2 フラクタルノイズエフェクトを適用する

エフェクト＆プリセットパネルで検索してダブルクリックです。雲のような画面ができます。

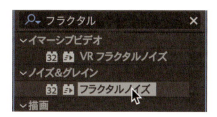

STEP 3 「展開」プロパティにエクスプレッションを追加する

エフェクトコントロールパネルでoptionキー（WindowsではAltキー）を押しながら、「展開」のストップウォッチボタンをクリックします。

▲ optionキー（WindowsではAltキー）を押しながらクリック

タイムラインにエクスプレッションの入力欄が開きます。

STEP 4 time*100と入力し、欄外をクリックして確定する

STEP 5 再生すると 雲が自動的に動く

このように、エフェクトのプロパティもエクスプレッションでコントロールできます。

▶… timeを位置のプロパティに使うには?

time を位置プロパティに使おうとすると、プレビューエリアの下部に図のようなエラーが出てしまいます。右端の上矢印をクリックするとエラーの内容が表示されます。

エラーになるのは、位置プロパティには、横位置（X）と縦位置（Y）の 2 つの数字の組み合わせ（2 次元の値）が必要なのに、time は 1 つの数字しか持っていないためです。

位置座標のような 2 次元の値は、エクスプレッションでは、

[100,200]

のように表します。これは水平位置が 100 で垂直位置が 200 という意味です。

time を使う時は、たとえば、

[time,time]

のように書きます。このエクスプレッションを設定したレイヤーは、縦横の座標が同じスピードで増えていくので、左上から右下に向かって斜め 45 度にゆっくりと動きます。速く動かす方法はもう知っていますね。

水平にだけ動かすには、たとえば

[time,150]

のように、縦位置のところに直接数字を入れることができます。

プロパティによっては、3 つの数字が必要な場合がありますが、その場合にも

[100,200,300]

のようにカンマで区切り、カッコで囲みます。

HINT キーフレームを止めるエクスプレッション

動画を制作している時に、「ちょっとこのレイヤーに止まっていて欲しい」、という時があります。しかし、AE自身にはキーフレームを一時的に無効にする機能がありません。そんな時にもエクスプレッションが便利です。

キーフレームを無効にしたいプロパティにエクスプレッションを追加し、以下のように入力します。

valueAtTime(0)

これは、「時間がゼロの時の値」という意味です。エクスプレッションによって、現在時間に関係なく 0 秒の時の値が与えられるので、このプロパティは 0 秒の状態から変化しなくなります。便利なことに、エクスプレッションの行にある「=」ボタンをクリックして、エクスプレッションを一時的に無効にするだけで、再びキーフレームを有効にできます。

03 ピックウイップで他のレイヤーのプロパティを拝借してみよう

エクスプレッション練習の最後は、ピックウイップ（pick whip）です。これを使うと他のレイヤーのプロパティを簡単に拝借することができます。

▶…レンズフレアをレイヤーの位置に同期させてみよう

ピックウイップは、"物を取ってくるムチ"というような意味らしいです。名前は大げさですが、要するに、他のレイヤーのプロパティを参照するエクスプレッションを自動入力してくれる機能です。ここでは、wiggleで揺らしたレイヤーにレンズフレアを連動させてみましょう。

STEP 1 「ウイグル」レイヤーだけを表示させ、その位置プロパティを表示しておく

後で参照するために、あらかじめ「ウイグル」レイヤーの位置プロパティを表示させておきます。見やすいように他のレイヤーのプロパティ表示は閉じておきましょう。

STEP 2 新規に平面レイヤーを作成し、レンズフレアエフェクトを適用する

平面レイヤーはコンポジションサイズで作成、色は黒、レイヤー名は「他レイヤー参照」にします。

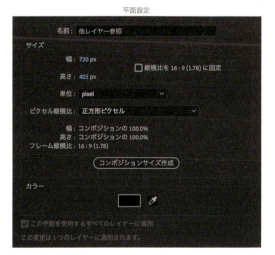

▲コンポジションサイズで平面レイヤーを作成、色は黒

6
03
ピックウイップで他のレイヤーのプロパティを拝借してみよう

初心者にも便利な
エクスプレッションを覚えよう

▲エフェクト＆プリセットパネルでレンズフレアを検索してダブルクリック

▲光る玉が現れる

STEP 3　レイヤーの描画モードを「スクリーン」にする

「ウイグル」レイヤーの上にレンズフレアが合成されました。

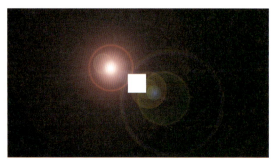

▲レイヤーが合成された。描画モードのメニューが見当たらない時は「スイッチ／モード」ボタンで切り替え。

STEP 4　「光源の位置」プロパティにエクスプレッションを追加する

エフェクトコントロールパネルでoptionキー（WindowsではAltキー）を押しながら、「光源の位置」のストップウォッチボタンをクリックします。

168

タイムラインにエクスプレッションの入力欄が開きます。

STEP 5　渦巻き型のボタンから「ウイグル」レイヤーの「位置」プロパティまでドラッグする

　エクスプレッションを追加すると現れる渦巻き型のボタンが「ピックウイップ」です。ボタンからドラッグを開始して参照したいプロパティの上で放します。

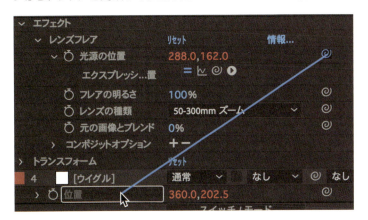

STEP 6　他レイヤーのプロパティを参照するエクスプレッションが自動的に書き込まれる

エクスプレッションの入力欄に

　　`thisComp.layer("ウイグル").transform.position`

という文が自動入力されます。
　これは、「このコンポジションの"ウイグル"というレイヤーのトランスフォーム内の位置プロパティ」という意味です。

欄外をクリックしてエクスプレッションを確定します。

STEP 7　再生するとレンズフレアが「ウイグル」レイヤーに追随する

　これで「ウイグル」レイヤーの動きとレンズフレアの位置が自動的に一致します。

▲白いレイヤーをどこに動かしてもレンズフレアがついてくる

ちなみに、ピックウイップを使わずに、

thisComp.layer("ウイグル").transform.position

というエクスプレッションを手入力してもまったく同じ動作をします。

●異なるプロパティを参照してもかまわない

練習では位置プロパティ同士で参照しましたが、異なる種類のプロパティを参照してもかまいません。ただし、回転のように数字1つで表せるプロパティと、位置のように2つの数字が必要なプロパティの連結には注意が必要です。たとえば、回転プロパティを位置プロパティの水平位置とリンクさせるなら問題はありません。ピックウイップでは、プロパティ名ではなく、参照したい数値の上にドラッグすると1つの数値だけを取り出せます。

▶ … より高度なエクスプレッションにステップアップ

本書では1行で書けるシンプルなエクスプレッションの紹介に留めますが、エクスプレッションは複数の行を入力してより複雑な処理も行えます。エクスプレッションはJavaScriptとよく似ているので、Web制作の経験の有る方などは、すぐにマスターできるでしょう。

2行以上のエクスプレッションの簡単な例を挙げておきます。

```
y=Math.sin(time*2)*100+200;
x=time*80;
[x,y]
```

位置プロパティに上記のエクスプレッションを設定したレイヤーは、サインカーブに沿って上下に動きながら画面を横切ります。プログラミングの経験のある方は、JavaScriptと同じように、変数や関数が使えることがおわかりになると思います。

ネット上にはたくさんのエクスプレッション例が公開されています。公開されているエクスプレッションは、コピーペーストで入力欄に貼り込んで試せます。ここまでの練習でエクスプレッションの基本的な使い方がわかっていれば、こうした情報を活用できると思います。ただ、他レイヤーを参照している部分では、レイヤー名などを修正する必要があるかも知れません。人の書いたエクスプレッションを読み解くのは、とてもよい勉強になりますので、興味のある方は「AE エクスプレッション　サンプル」といったキーワードで検索してみてください。

07

3Dレイヤーで
立体的な表現に挑戦

パーティクルと並ぶAEの醍醐味が、3Dレイヤーによる立体的な表現です。これまでの縦横に加えて奥行き方向の動きが増えるので、少し難易度が高くなりますが、簡単な作例で練習すれば基本的な使い方はすぐに理解できるはずです。

7 3Dレイヤーで立体的な表現に挑戦

01 とりあえず3Dレイヤーを使ってみよう

3Dレイヤーを使うと、レイヤーを上下左右だけでなく、前後方向にも動かせるようになり、より奥行きのある表現が可能になります。

▶ 3Dレイヤーを作る

まずは習うより慣れろです。テキストと平面レイヤーを 3D にしてみましょう。

STEP 1 新規コンポジションを作成する

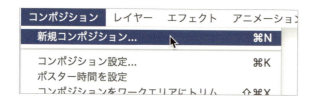

コンポジション名は「3D」とします。サイズなどはいつもと同じです。

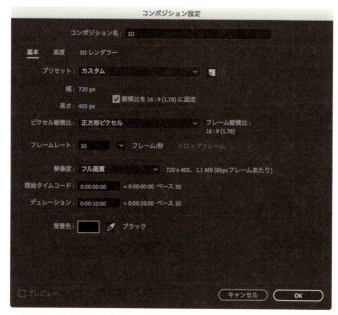

▲新規コンポジションを作成

STEP 2 新規に平面レイヤーを作成する

コンポジションと同じサイズ。色はブルーにします。名前は「3D 平面」とします。

▲新規平面レイヤーを作成

STEP 3 新規にテキストレイヤーを作成し、「3D」と入力する

書体はなるべく太いものにして、サイズも見やすいように大きくしましょう。色は白にします。

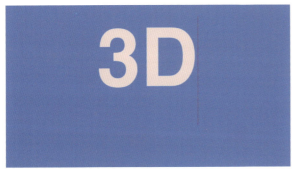

▲テキストレイヤーに"3D"と入力

173

7

3Dレイヤーで
立体的な
表現に挑戦

01

とりあえず3Dレイヤーを使ってみよう

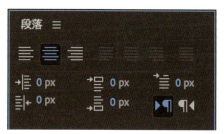

▲文字スタイルは太くしておくと見やすい。位置揃えは中揃えにする

　操作しやすいように、アンカーポイントを中央に配置し、レイヤーの位置もコンポジションの中央にしておきます。

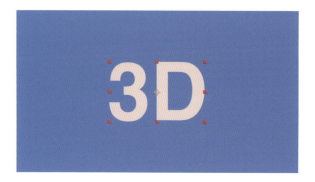

 **STEP 4　2つのレイヤーの
3Dレイヤースイッチをオンにする**

　タイムラインのレイヤー名の右、立方体の絵があるボタンが3Dレイヤースイッチです。

174

3Dレイヤーのスイッチが見当たらない時には、「スイッチ／モード」ボタンで表示を切り替えてください。

3Dレイヤーのスイッチを入れると、そのレイヤーは3Dレイヤーに変身します。3Dレイヤースイッチをオフにすればすぐに2Dに戻ります。

レイヤーを3Dにしただけでは、まだ画面には変化はありません。

STEP 5　3Dビューのポップメニューから「カスタムビュー1」を選択する

プレビューエリアの下にあるメニューです。

3Dの世界では、レイヤーを好きな位置から眺められます。2つの3Dレイヤーを斜め上からみた状態になりました。平面レイヤーが文字通り平面であることがわかりますね。

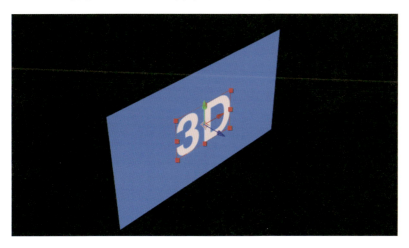

これで3Dレイヤーのシンプルなデータができました。以降は、これを使っていろいろな機能を試していきます。

▶ 3Dレイヤーをいろいろな角度から眺めてみよう

まず、3Dレイヤーをいろいろな角度から眺めてみましょう。

STEP 1 ツールバーから「統合カメラツール」を選択する

STEP 2 プレビュー画面上でドラッグする

統合カメラツールでドラッグすると、マウスの動きに合わせて3Dレイヤーが回ります。この時、動いているのは見ている側の視点です。3Dレイヤー自身の角度は変わっていません。

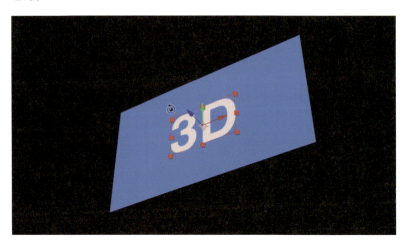

ツールアイコンを長押しすると他のカメラツールが選べます。XY軸カメラツール、Z軸カメラツールを使うと、視点を左右、前後に動かすことができます。いろいろと試してみてください。どんなに動かしても[ビュー]メニューの[3Dビューをリセット]で元に戻せます。

●3Dレイヤーはぺらぺら

視点を変えて3Dレイヤーを真横から見ると、見えなくなってしまうことに気付いたと思います。3Dレイヤーは、厚みがないので真横から見ると消えてしまいます。

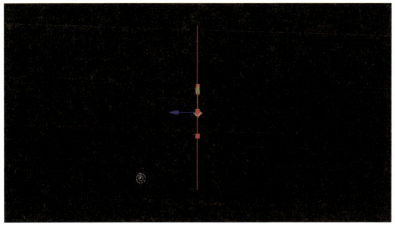

▲レイヤーには厚みがないので、真横からは見えない。

● 3Dビューをリセットする

「ビュー」メニューの［3Dビューをリセット］を選択すると、視点を最初の状態に戻すことができます。

> … 3Dレイヤーを動かしてみよう

2Dの世界では、レイヤーの位置指定は横位置と縦位置（X軸、Y軸）の2つだけでした。3Dになると、奥行き方向が加わって、（X軸、Y軸、Z軸）の3つになります。

 カスタムビュー1を
リセットする

視点を動かしていた場合には、[ビュー]メニューの[3Dビューをリセット]を選択して視点を元に戻します。

177

STEP 2　ツールバーから選択ツールを選ぶ

移動の基本操作は 2D と変わりません。

STEP 3　テキストレイヤー「3D」を選択する

選択された 3D レイヤーには、移動方向を示す 3 色の矢印が表示されます。

STEP 4　青色の奥行き方向（Z 軸）矢印をドラッグして移動する

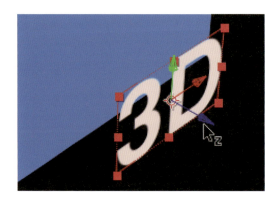

　平面レイヤーの影に入ると、テキストレイヤーが見えなくなります。2D レイヤーでは、常にタイムライン上の並びによって上下関係が決まっていましたが、3D レイヤーの場合は、視点から見て前にあるものが優先して表示されます。

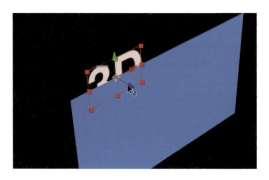

　移動は、タイムラインのプロパティで数値を入力しても行えます。3D レイヤーの位置

プロパティは、X、Yに奥行き方向のZを加えた3つの数字の組み合わせになっています。ここでは、3つめの値を「-100」にしましょう。

▲位置プロパティの3つめの数字（奥行き方向の座標）を-100にする

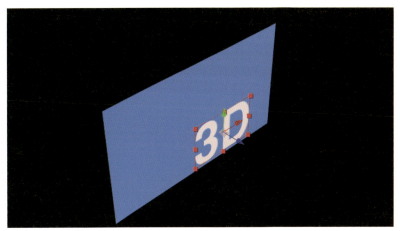
▲カスタムビュー1で見るとこの位置に来る

STEP 5 統合カメラツールでいろいろな角度から眺めてみる

再び、視点をいろいろと変えて、平面レイヤーとの位置関係を見てみましょう。3Dでは、違う角度から眺めて位置を確認することが重要です。

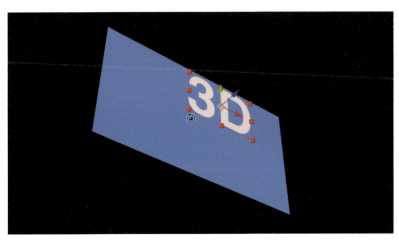
▲いろいろな角度から眺めると2つのレイヤーの位置関係がわかる

02 ライトとカメラを設置しよう

3D表現をよりリアルなものにするのが、ライトとカメラです。これらは現実の照明やカメラと同じように機能します。

▶… ライトを設置する

ライトを使うと、3Dレイヤーにリアルな陰影を付けることができます。

STEP 1 3Dビューをリセットする

[ビュー] メニューの [3Dビューをリセット] を選択して視点を元に戻します。

STEP 2 [レイヤー] メニューの [新規] [ライト] を選択する

STEP 3 ライトの種類を「ポイント」にする

AEのライトには、以下の4つがあります。とりあえず立体的な陰影を付けたい時には、ポイントライトが便利です。

平行..................... 太陽光と同じく一方向から平行に降り注ぐ光
スポット............... スポットライト。方向と照射角度の決まった光
ポイント.............. 電球と同じ。点から全方向に広がる
アンビエント........ 方向のない光。あらゆる方向から一定の光が当てられる

画面に
陰影が付く

3Dレイヤーがライトで照らされて、リアルな陰影が付きます。統合カメラツールで、いろいろな角度から眺めてみましょう。

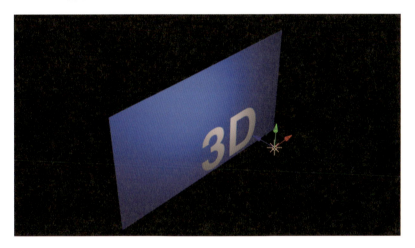

画面に追加された放射状のマークがポイントライトです。ライトの種類によって形が変わります。移動ツールでライトを動かしてみましょう。ライトの位置によって明るさや陰影の付き方が大きく変わることがわかります。

タイムラインにもライトのレイヤーが追加されています。もちろん、ライトのプロパティにもキーフレームを打って動きを付けられます。

● ライトの光が当たらないところは真っ暗になる

ライトがない時には、AEは自動的に各レイヤーの色を使って表示してくれます。このため、前後左右どこから眺めても（真横を除き）、レイヤーが見えました。しかし、ライトを設置すると、その光の当たっていないところは真っ暗になってしまいます。これを防ぐには、複数のライトを設置するか、アンビエントライト（全方向から当たる光）を設置します。

▶ 影を落としてみよう

さて、この風景は、一見リアルなようですが1つ非常に不自然なところがあります。そうです、後ろの平面に文字の影が落ちていないのです。AEでは設定によって影の有無が選択できます。

STEP 1　ライトのプロパティで「シャドウを落とす」がオンになっていることを確認する

「シャドウを落とす」はライトオプションの中にあり、クリックでオン／オフを変更します。

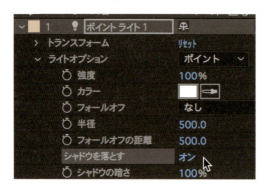

STEP 2　テキストレイヤーの「シャドウを落とす」をオンにする

「シャドウを落とす」は、「マテリアルオプション」の中にあります。クリックするとオン／オフが切り替わります。

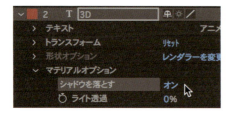

これで平面に影が落ちます。

STEP 3 平面レイヤーの「シャドウを受ける」がオンになっているか確認する

「シャドウを受ける」は、「マテリアルオプション」の中にあります。影を受ける側の設定も必要です。これがオフになっていると影が落ちません。

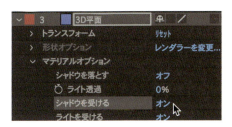

つまり、ライト（シャドウを落とす）＋影を作るレイヤー（シャドウを落とす）＋影を受けるレイヤー（シャドウを受ける）の3つが揃わないと影が落ちないわけです。面倒なようにも思えますが、これにより映像に必要な影だけを使えるメリットがあります。

●影をぼかすのはライトの設定で行う

デフォルトの影は、ちょっとくっきり過ぎてリアリティがありませんね。ライトの設定で、「シャドウの暗さ」を50％、「シャドウの拡散」を30ピクセルにします。これでだいぶリアルになりました。

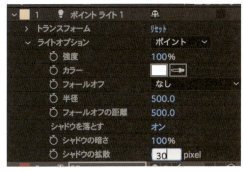

▲図の一番下にある「シャドウの暗さ」と「シャドウの拡散」を変更する

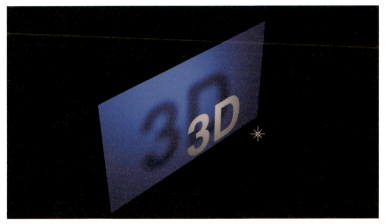

▲影がぼけてリアリティが増す

▶ カメラを設置しよう

カメラは3Dレイヤーを任意の位置から撮影できる機能です。

STEP 1 「カスタムビュー1」をリセットして、[レイヤー]メニューから[新規][カメラ]を追加する

[ビュー]メニューの[3Dビューをリセット]を選択して視点を元に戻します。
[レイヤー]メニューの[新規][カメラ]を選択します。

STEP 2 カメラ設定では「2ノードカメラ」「50mm」を選択する

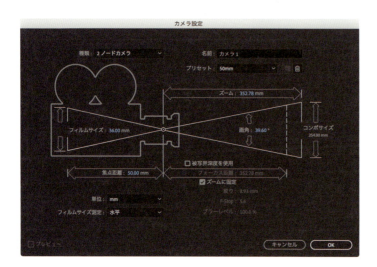

「1ノードカメラ」、「2ノードカメラ」はカメラの位置設定の方法が異なります。最初は2ノードカメラの方が使いやすいでしょう。
「50mm」は、カメラのレンズの焦点距離です。数字が小さいとワイドに、大きいと望遠になります。ここでは、とりあえず標準的な50mmとしました。

STEP 3 OKボタンを押すとカメラが追加される

カメラもレイヤーの1つとしてタイムラインに追加されます。プレビューエリアには、線が現れます。

マウスのスクロールホイールか、表示倍率のポップアップメニューで縮小表示すると、カメラ本体が現れます。

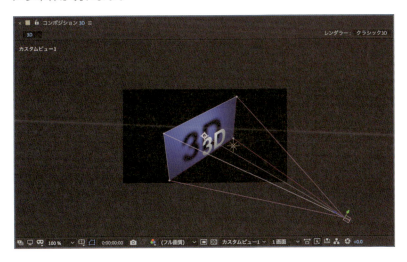

右下の四角い箱がカメラの位置で、そこから伸びた線がカメラに写る範囲や、目標点を示しています。目標点は2ノードカメラ特有のもので、カメラ位置を移動しても常にこの目標点の方向に向いてくれます。

STEP 4 プレビューエリアを2画面表示にして、一方のビューを「カメラ1」に切り替える

カメラから見た絵がどんな風になるか、2画面で確認してみましょう。

1つの画面でカスタムビュー1を、もう1つの画面でカメラ1から見た映像を表示させます。視点を変更したい画面をクリックしてからポップアップメニューで切り替えます。

▲分割表示では、現在操作対象になっている画面の四隅に三角のマークが付く。どちらかの画面をクリックすると操作対象を切り替えられる。ここでは左側をカスタムビュー1、右側をカメラ1ビューに設定した

STEP 5 選択ツールでカスタムビュー1上のカメラを移動する

カスタムビュー1上でカメラを移動すると、カメラ1から見た絵も変わることがわかります。

▲カスタムビュー上でカメラの位置を移動するとカメラから見た映像も変わる

STEP 6 統合カメラツールを使ってカメラ1ビューの上でドラッグする

こんどはカメラ 1 ビューの表示を移動すると、カスタムビュー 1 上のカメラが移動することがわかります。

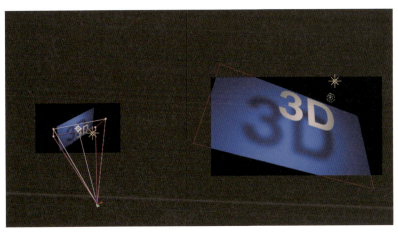

▲カメラビュー上で視点を変化させると、カメラの位置に反映される

3D レイヤーを使う時には、このようにしてカメラアングルを設定していきます。もちろんカメラにもプロパティがあり、位置などにキーフレームを設定できますから、カメラを動かしたアニメーションも可能です。また、カメラは複数作成して、切り替えて使うことができます。

仕上げとして、レイヤーとカメラの両方を動かしたアニメーションを作ってみましょう。

03 レイヤーとカメラを動かした アニメーションを作ってみよう

3Dレイヤーの立体感が体験できるようなアニメーションを作ります。こんな時に便利なのがエクスプレッションです。

▶ カメラとレイヤーをエクスプレッションで動かす

3Dの世界で動きを設定するのは結構手間がかかります。ここはエクスプレッションを使ってとりあえずそれっぽく動かしてしまいましょう。

STEP 1 カメラの位置をリセットし、1画面表示にする

カメラのトランスフォームにある「リセット」をクリックします。

プレビューエリアは1画面で「カメラ1」のビューにしておきます。

STEP 2 カメラの位置プロパティにエクスプレッションを入力する

位置プロパティのストップウォッチを option キー（Windows では Alt キー）を押しながらクリックし、

```
wiggle(2,200)
```

と入力します。1秒間に2回、最大200ピクセル移動させます。

正しく入力できたら欄外をクリックして確定します。

STEP 3　平面、テキストレイヤーの位置プロパティに エクスプレッションを入力する

平面レイヤーとテキストレイヤーにもエクスプレッションを設定します。位置プロパティのストップウォッチを option キー（Windows では Alt キー）を押しながらクリックし、

```
wiggle(2,100)
```

と入力します。両方とも同じ内容です。カメラよりも動きが小さくなっています。

正しく入力できたら欄外をクリックして確定します。

STEP 4　ライトの強度プロパティに エクスプレッションを入力する

ついでにライトの明るさも変化させてみましょう。ライトの「強度」プロパティのストップウォッチを option キー（Windows では Alt キー）を押しながらクリックし、次のように入力します。

```
wiggle(2,50)
```

正しく入力できたら欄外をクリックして確定します。

STEP 5　再生してみると 立体的な動きが見られる

影にぼかしを設定しているので、計算には結構時間がかかります。再生すると、レイヤーとカメラアングルがゆらゆらと動きます。

いかがでしょうか。3D レイヤーを使うことで、AE による表現の幅が大きく広がることがわかると思います。

HINT 3Dレイヤーが常にカメラの方を向くようにする

3Dレイヤーは真横から見ると消えてしまうので、常にカメラの方を向いていて欲しい時があります。そんな時には、レイヤーを選択して、レイヤーメニューの［トランスフォーム］［自動方向］で、「カメラに向かって方向を設定」にチェックを入れます。

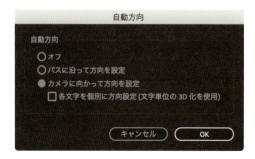

▶… 2Dと3Dを混在させる

　試しに平面レイヤーの3Dスイッチをオフにして、エクスプレッションも無効に（エクスプレッション行の「=」ボタンをクリック）してみてください。カメラ1のビューでは、カメラアングルに関係なく、常に画面いっぱいに平面レイヤーが広がります。影も映りません。ただし、カスタムビューでは、2Dの平面レイヤーは見えなくなります。

　AEではこのようにして、2Dと3Dを混在させることができます。背景は2Dで固定しておいて、前面のキャラクターや文字だけを3Dで動かすといった表現はよく使われます。3Dソフトのようにすべてを立体で作る必要がないのは、AEで3D表現を行うメリットの1つです。

▶… AE独特の2.5Dの世界

　AEの"3D"がちょっと厄介なのは、いわゆる3Dソフトと異なり完全な3次元ではないところです。まずレイヤーには厚みがありません。真横から見ると消えてしまいます。本格的な3Dソフトでは、厚みのある立体が使えるのですが、AEの3Dレイヤーはそのようになっていません。この後の章、8-01で使うレイヤーを球に変えるCC Sphereエフェクトも、絵として立体のように見せているだけで厚みがあるわけではありませんし、カメラアングルとも連動しません。このあたりは、3Dソフトの経験のある方ほど最初は戸惑うかもしれません。

　…というのが基本なのですが、拡張性の高いAEには例外がたくさんあって初心者を困惑させてくれます。最近のバージョンには条件付きでテキストやシェイプに厚みを付ける機能が付きましたし、サードパーティー製の追加エフェクトの中には3Dソフトと同じように厚みのある立体が扱えるものがあります。さらにコンポジション内にCINEMA 4Dという3Dソフトのデータを取り込むこともできるようになりました（しかも、Creative Cloudのユーザーは CINEMA 4D の Lite 版が追加費用なしで使えます！）。本書では解説しませんが、AEで3D表現を行う方法には3Dレイヤー以外にもいろいろあるということは覚えておいてください。

※参考図書：大河原浩一 著『After Effects ユーザーのための CINEMA 4D Lite 入門』（ラトルズ発行 ISBN978-4-89977-468-6　2017年10月刊）

08

複数のレイヤーを一緒に動かしたり、まとめたりしよう

すでに、個別のレイヤーを移動させたり回転させる方法はご紹介しました。
これだけでもかなりの事ができますが、より高度な表現が簡単にできるように、
複数レイヤーを連動して動かしたり、まとめたりする方法も覚えましょう。

8 複数のレイヤーを一緒に動かしたり、まとめたりしよう

01 複数のレイヤーを一緒に動かそう

2つのレイヤーを一緒に動かしたい時があります。前に解説したエクスプレッションを使ってもよいのですが、単純にレイヤーの位置や回転を揃えるなら、親レイヤーを使った方が簡単です。

▶ … 地球の周りに月を回してみよう

今までの練習では、各レイヤーを独立して動かしていましたが、時には 2 つ以上のレイヤーを一緒に動かしたい時があります。エクスプレッションでもできますが、レイヤーの位置や角度を連携させるだけなら、ここで紹介する親レイヤーを使った方が早いです。

シンプルな例として、地球と月のアニメーションを作るとしましょう。月は地球の周りを回っています。そして地球が移動すると、月も一緒に移動します。これを AE で表現してみましょう。

STEP 1 新規コンポジションを作成する

[コンポジション] メニューの [新規コンポジション] を選びます。背景は宇宙なので黒にしましょう。サイズや時間は今まで通りです。名前は「親レイヤー」にします。

STEP 2 地球用に新規に平面レイヤーを作成する

［レイヤー］メニューの［新規］［平面］を選びます。大きさはコンポジションサイズで、地球なので色は青にしましょう。わかりやすいようにレイヤー名も「地球」にしておきます。

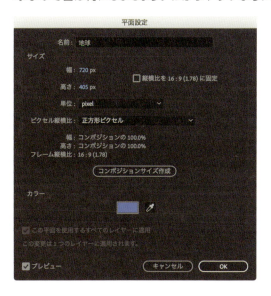

▲地球レイヤーが追加される

STEP 3 「フラクタルノイズ」エフェクトを検索して適用する

地球の平面レイヤーにフラクタルノイズを適用します。

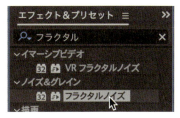

▲エフェクト＆プリセットパネルで「フラクタル」を検索してダブルクリック

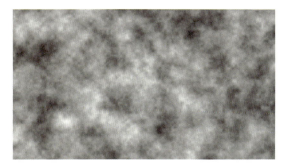

▲雲がかかったような絵になる

STEP 4 フラクタルノイズの「明るさ」を-30、描画モードを「加算」にする

「加算」にするのは、レイヤーではなく、エフェクトの描画モードです。

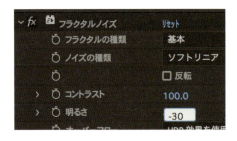

こうすると、平面レイヤーの青色に、白い雲がかかったような雰囲気になります。

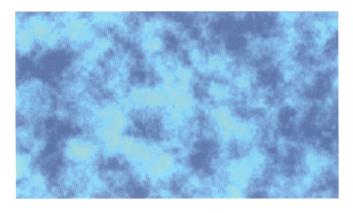

STEP 5 さらに「CC Sphere」エフェクトを検索して適用する

CC Sphere（スフィア）は、レイヤーを球状に変形してくれるエフェクトです。

なんとなく地球っぽくなりました。

STEP 6 「地球」レイヤーのスケールを 15％にする

　画面いっぱいが地球では困るので、サイズを小さくします。これでとりあえず地球っぽいものは完成です。

STEP 7 「地球」レイヤーを 複製する

　月は地球を元にして作りましょう。「地球」レイヤーを選択して［編集］メニューから［複製］を選びます。

複製されたレイヤーの名前は「月」に変更します。

▲レイヤーを選択してreturnキー（WindowsではEnterキー）を押すと名前を変更できる

STEP 8 「月」レイヤーのフラクタルノイズの「描画モード」を「通常」にする

レイヤーの色と混ざらなくなったことでモノクロになり、ちょっとだけ月っぽくなりました。あくまで練習用の月なのでこれで我慢してください。

STEP 9 「月」レイヤーのスケールを10%にする

実際の月はそんなに大きくありませんが、イメージなので地球よりちょっと小さいだけにします。

▲地球よりも少しだけ小さい月ができた

STEP 10 「月」レイヤーを地球の横に移動する

選択ツールを使ってドラッグするか、位置プロパティの X だけを変更します。

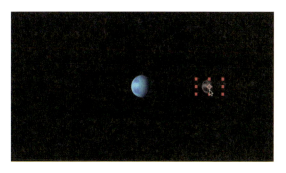

これで準備が整いました。

▶… 地球を中心に月を回転させる

まず、月を地球の周りで回転させましょう。レイヤーはアンカーポイントを中心に回転します。このアンカーポイントを地球の中心に据えてやれば、地球の周りを回転させられます。

STEP 1 「月」レイヤーを選択しアンカーポイントツールで回転中心を移動する

アンカーポイントが地球の中心にくるようにします。

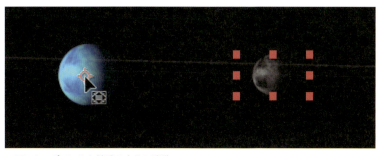

▲アンカーポイントを地球の中心に移動

これで、回転ツールや回転プロパティを使って月を回すと、地球の周りを回るようになりました。影の向きが変わってしまうという問題もありますが、それはひとまず置いておきます。

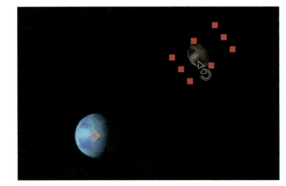

▲回転軸を地球の中心にしたので、月が地球の周りを回るようになった

▶… 地球を親レイヤーに設定する

　地球の周りを月が回るようになりましたが、1つ問題があります。地球の位置を動かすと、月の回転中心がズレてしまいます。地球と月がいつも一緒にいるようにするには、レイヤー間に親子関係を設定します。

 「月」レイヤーの親に
「地球」レイヤーを選択する

　タイムラインの「親とリンク」欄のポップアップメニューから親レイヤーを選択します。ポップアップメニューが見当たらない時は、「スイッチ／モード」ボタンで表示を切り替えてください。

 地球を動かすと
月も一緒に動く

　選択ツールで地球を動かしてみましょう。地球がどこに移動しても、月がついてきます。月の回転中心も、常に地球の中心にあります。

▲地球を動かすと月もついてくるようになった

●子の動きは親に影響しない

レイヤーの親子設定では、親を動かしたり、回転、拡大などすると子供も一緒についてきます。しかし、子供の動きは親には影響しません。月の位置を変えたり、回転させたり、拡大しても地球はそのままです。

これを利用して、腕のように関節のあるものも、この親子関係と回転で表現することができます。

▶ … 月をもっと自由に動けるようにする

子供である月レイヤーは、本来、地球との距離を自由に変えられるのですが、月の位置を動かすと回転の中心がずれてしまいます。また、自分自身を中心に自転することもできません。天文学的な正しさは別にして、月をもっと自由に動かせるようにしてみましょう。それには、「ヌルオブジェクト」というレイヤーを使います。ヌルオブジェクトは、レンダリング画面には現れない特殊なレイヤーです。実際に使ってみましょう。

STEP 1 「月」レイヤーを選択して、アンカーポイントをレイヤーの中心に戻す

［レイヤー］メニューの［トランスフォーム］［アンカーポイントをレイヤーコンテンツの中央に配置］を使います。

▲月レイヤーを選択

▲アンカーポイントの位置をレイヤーの中心に戻す

STEP 2 ［レイヤー］メニューの［新規］［ヌルオブジェクト］を選択

ヌルオブジェクトはレイヤーの一種なので、レイヤーメニューから追加します。

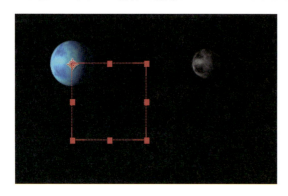

画面には四角形が描かれます。これがヌルオブジェクトです。ヌルオブジェクトは回転やスケールなど、一通りのプロパティを持っていますが、レンダリングした映像には現れません。他のレイヤーの操作を補助するためにあります。

STEP 3 ヌルオブジェクトのアンカーポイントをレイヤーの中心に移動する

デフォルトでは、ヌルオブジェクトのアンカーポイントは左上にセットされています。これではちょっと使いにくいので、中心に移動します。［レイヤー］メニューの［トランスフォーム］［アンカーポイントをレイヤーコンテンツの中央に配置］を使います。

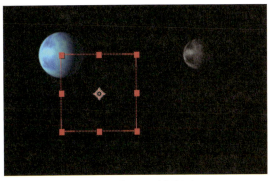

▲四角形の中心にアンカーポイントが移動した

STEP 4 ヌルオブジェクトを地球と同じ位置に移動する

選択ツールでヌルオブジェクトの中心が地球の中心にくるように移動します。

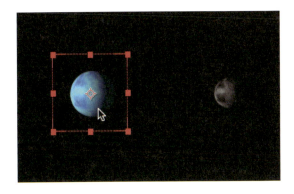

STEP 5 「月」レイヤーの親をヌルオブジェクトに設定する

親を地球からヌルオブジェクトに変更します。

STEP 6 ヌルオブジェクトの親を地球に設定する

親→子の関係は、地球→ヌルオブジェクト→月と3段階になりました。

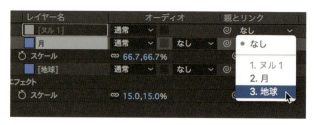

回転ツールかプロパティ操作で動かしてみてください。画面でヌルレイヤーの下にある地球を選択するのは難しいので、タイムラインで選択してください。以下のような動きになるはずです。

地球を回す　→　ヌルオブジェクトと月も回る
ヌルオブジェクトを回す　→　月が地球の周りを回る
月を回す　→　月だけが回る

また、月を移動させてもヌルオブジェクトの位置が変わらないため、常に地球を中心に回ることができます。

このように、親レイヤー設定とヌルオブジェクトを組み合わせることで、複雑な動きを実現できます。

●1つの親に複数の子供を設定できる

1つの親に複数の子供を設定することもできます。たとえば、太陽系のアニメーションを作るとしたら、すべての惑星の親を太陽に設定すれば、太陽を動かすとすべての惑星が一緒に動きます。

●エクスプレッションとの違い

他のレイヤーと連動した動きを実現する方法には、エクスプレッションを使う方法もあります。エクスプレッションでは、位置だけ、回転だけを連動させる、親の半分の速度で回すなど、より高度な処理が行えます。そのかわり、連動させたいプロパティの数だけエクスプレッションを設定しなければなりません。

02 複数のレイヤーをプリコンポーズでまとめてみよう

たくさんの素材を使った動画では、レイヤーの数が非常に多くなります。そんな時はプリコンポーズを使ってまとめると便利です。また、レイヤーを他のコンポジションでも流用したい時などにも使います。

▶ 複数レイヤーをコンポジションでまとめる

プリコンポーズ機能を使ってレイヤーを1つのコンポジションにまとめてみましょう。

STEP 1 プロジェクトパネルで「エフェクト練習」コンポジションを複製する

プロジェクトパネルはエフェクトコントロールパネルと重なっています。見あたらなければ[ウインドウ]メニューの[プロジェクト]で表示できます。ここには、プロジェクトで使われている素材がリストされています。作成したコンポジションや平面レイヤーもここにあります。

今回は、「エフェクト練習」コンポジションを複製したものを使って練習します。プロジェクトパネル上で「エフェクト練習」を選択して、[編集]メニューの[複製]を選びます。

▲プロジェクトパネルで「エフェクト練習」を選択して複製する

名前は「プリコンポーズ」にしましょう。複製してできたコンポジションを選択してreturnキー（WindowsではEnterキー）を押すと名前を編集できます。

STEP 2 「プリコンポーズ」コンポジションをダブルクリックする

▲プロジェクトパネル上でダブルクリック

コンポジションが開きます。

STEP 3 「Blur」レイヤー、「フラクタルノイズ」レイヤー、「グラデーション」レイヤーを選択する

shiftキーを押しながらクリックしていくと複数のレイヤーを同時に選択できます。下の3つのレイヤーをまとめてみます。

STEP 4 [レイヤー] メニューの [プリコンポーズ] を選択する

STEP 5 「すべての属性を新規コンポジションに移動」を選んでOKボタンをクリックする

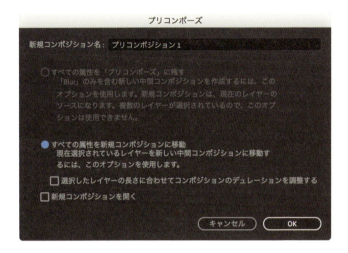

STEP 6 3つのレイヤーが1つのコンポジションに置き換わっている。

3つのレイヤーは自動的に「プリコンポジション1」というコンポジションに置き換えられています。

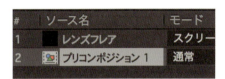

STEP 7 「プリコンポジション1」をダブルクリックする

配置されたコンポジションをダブルクリックすると開きます。中身を見ると、3つのレイヤーが配置され、エフェクトも適用されています。

▲ダブルクリックすると「プリコンポジション1」の中身がみられる。選択した3つのレイヤーが収納されている

このように、プリコンポーズを使うと複数のレイヤーを1つのコンポジションとしてまとめることができます。グループ化のようなものです。

配置されたコンポジションはレイヤーと同じ扱いになりますので、これにエフェクトをかけたり、キーフレームを設定して動かせます。もちろん、中に含まれる個別のレイヤーの編集は、「プリコンポジション1」を開いて行う必要があります。

▶… プリコンポーズにまつわるいろいろ

プリコンポーズを使う時には、以下の事を覚えておくとよいでしょう。

●拡大してもテキストがギザギザにならないようにする

置き換えられたプリコンポジションのスケールを試しに大きくしてみてください。拡大すると文字がギザギザになります。コンポジションとして配置された場合には解像度が固定されるためです。拡大しても常にきれいな文字を表示したい時には、「コラップストランスフォーム／連続ラスタライズ」のスイッチをオンにします。

●描画モードを使ったレイヤーのプリコンポーズには注意しよう

描画モードを設定したレイヤーをプリコンポーズする時には注意が必要です。たとえば、「レンズフレア」レイヤーを単体でプリコンポーズすると、画面にはレンズフレアしか表示されなくなってしまいます。これは、プリコンポーズしたことで、描画モードが効かなくなるためです。

コンポジションに移動したレイヤーには描画モードが適用されていますが、通常、描画モードは同じコンポジション内でしか機能しません。

これを修正するには、配置されたコンポジションの「コラップストランスフォーム／連続ラスタライズ」ボタン（上図）をオンにします。こうすると、プリコンポーズされたレイヤーの描画モードが配置先でも再現されます。あるいは、配置されたコンポジションの描画モードをスクリーンや加算にします。

●エフェクトを使うためにプリコンポーズが必要な場合もある

エフェクトの中には、使用するレイヤーの種類に制限があるものもあります。たとえば、CC Light Raysという光が拡がるエフェクトをテキストレイヤーに適用すると、図のような結果になってしまいます。光の範囲がテキストのある部分に制限されています。

これを解消するためには、あらかじめテキストレイヤーをプリコンポーズしてからCC Light Raysを適用します。

●レイヤーを流用する時にも使える

コンポジションは動画素材と同じように、プロジェクトパネルから他のコンポジション内にドラッグ＆ドロップで配置することができます。レイヤーも同じ方法で他の動画に流用できますが、この場合、エフェクトやキーフレームはついてきません。エフェクト付きのレイヤーを流用したい時には、レイヤーを1つだけ選んでプリコンポーズします。その際、設定ダイアログで「すべての属性を新規コンポジションに移動」を選択します。

09

レイヤーの様々な
合成方法を覚えよう

表現に直接関係する練習の最後は「合成」です。After Effectsには、
レイヤーを合成するための機能がたくさん搭載されています。
その中のいくつかを練習して、レイヤー合成の概要を掴んでください。

9 レイヤーの様々な合成方法を覚えよう

01 AEでレイヤーを合成する方法にはいろいろある

これまでの練習で、皆さんはすでに様々なレイヤーを合成してきました。本章ではAEで画像を合成する方法の主なものを解説します。

▶ … AEでレイヤーを合成する方法

　テキストレイヤーやシェイプレイヤーは、もともと文字以外の部分は透明になっていますし、CC Star Burstのようなエフェクトは自動的に不要な部分を透明にしてくれます。ですから、これらの素材は、単純に重ねるだけできれいに合成されます。それ以外の、透明部分のない素材は、主に以下のような方法で下のレイヤーと合成します。

●不透明度を使う

　不透明度を100%よりも小さくすると、後ろの素材が透けて見えます。スムーズな場面転換などでおなじみの手段です。

 +  =

▲上のレイヤーの不透明度を下げることで下のレイヤーが透けて見える

●描画モードを使う

　下のレイヤーとの間で「演算処理」を行って合成します。素材の色や明るさによって結果が変わります。実写映像の合成のほか、光や雲のようなエフェクトの合成にもよく使われます。

 +  =

▲描画モードを加算やスクリーンに設定することで、レンズフレアの自然な合成が可能

●マスクパスを使う

　素材の輪郭に沿ってパス（線）を描いて切り抜きます。

▲印刷の世界でも良く使われる、パスを使った切り抜き処理がマスクパス

●キーイングエフェクトを使う

　素材の特定の色を透明にします。背景が単色の場合に効果的です。特撮でよく使われるグリーンバックやブルーバックがこれです。うまくいけば、エフェクト1つで動画の背景を抜くことができます。

▲キリンのレイヤーに対して、青い色が透明になるようキーイングエフェクトを設定すると、背景が抜ける

●トラックマットを使う

　他のレイヤーの明るさや色を利用して透明部分を作ります。

▲別のレイヤーの明るさを使って、空が見える範囲を指定。マスクパスと異なり、ピクセル単位で細かく不透明度を指定できる

　実際の動画制作では、これらの合成方法を目的に合わせて使い分けます。AEはとても多機能なソフトで、これ以外にもロトブラシツールなどの合成機能がありますが、本書ではとりあえず上記の方法を紹介します。

　不透明度に関してはすでに説明していますし、とてもわかりやすいものなのでここでの解説は割愛します。

9 レイヤーの様々な合成方法を覚えよう

02 マスクパスで絵を切り抜いてみよう

マスクパスは、レイヤーにパス（線）を描いて切り抜きます。パスで囲まれた部分の外側が透明になり、下のレイヤーが透けて見えます。

▶ … ペイントツールで切り抜きの練習素材を作ろう

マスクの練習には切り抜く素材が必要です。写真やイラストを切り抜きたいところですが、本書はなるべく AE の中で作る自前主義なので、この素材も自分で作ります。誰でも描けるように素材は「棒人間」にします。せっかくなのでエフェクトで"踊らせて"みましょう。

STEP 1 新規コンポジションを作成し、名前を「合成」とする

［コンポジション］メニューの［新規コンポジション］を選びます。背景は黒。名前は「合成」とします。

STEP 2 新規平面レイヤーを作成する

［レイヤー］メニューの［新規］［平面］を選びます。大きさはコンポジションサイズで、色は青、名前は「棒人間」にします。

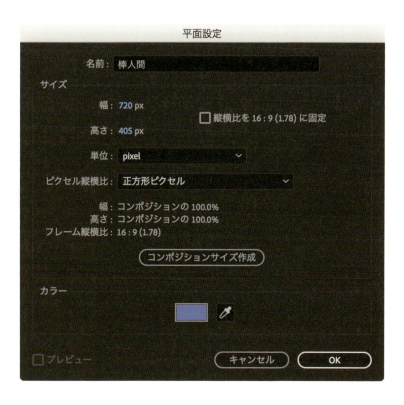

STEP 3 「棒人間」レイヤーをダブルクリックして レイヤー編集モードにする

平面レイヤーをダブルクリックすると、そのレイヤーだけを編集するモードに変わります。

▲レイヤーをダブルクリック

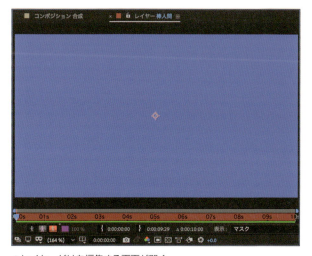

▲レイヤーだけを編集する画面が開く

STEP 4 現在時間を0にする

時間をゼロにしておかないと棒人間が途中から現れてしまいます。

STEP 5 ツールバーからブラシツールを選択する

ブラシツールを使うと、レイヤー上に絵を描くことができます。このツールはレイヤー編集の状態でないと使えません。

STEP 6 ブラシの太さと色を選択する

ブラシパネルで直径 19 をクリックします。

ペイントパネルで、描画色を赤に設定します。

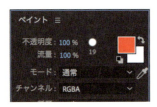

STEP 7 プレビューエリアでドラッグして棒人間を描く

練習用なので立派な棒人間である必要はありません。さくっと描いてしまいましょう。

　ブラシツールで描いた絵はベクトル図形になっています。描画に失敗した場合には、選択ツールで線をクリックして、キーボードのdeleteキーを押せば消せます。

▲描いた線を選択ツールで選んでdeleteキーを押すと消せる

　エフェクトコントロールパネルを見ると、「ペイント」エフェクトが追加されています。ブラシツールでの描画は、エフェクトの一種です。実は「透明上にペイント」をチェックすると、背景が自動的に抜けるのですが、今はマスクの練習ですからオフにしておきます。

STEP 8 「タービュレントディスプレイス」エフェクトを適用する

　棒人間を踊らせるために、「タービュレントディスプレイス」というエフェクトを使います。これは乱気流のようにレイヤーをぐにゃぐにゃと変形させるエフェクトです。いつものように、エフェクト＆プリセットパネルで検索してダブルクリックしてください。

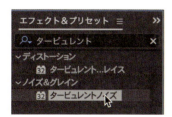

レイヤーの様々な合成方法を覚えよう

02 マスクパスで絵を切り抜いてみよう

STEP 9 エフェクトの「展開」プロパティにエクスプレッションを設定する

エフェクトコントロールのタービュレントディスプレイスにある「展開」のストップウォッチをoptionキー（WindowsではAltキー）を押しながらクリックして、エクスプレッションを追加します。エクスプレッションは、

```
time*300
```

とします。半角文字で入力します。

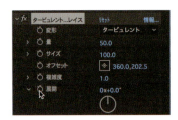

時間の経過とともに、展開プロパティが増えていき、それによって棒人間も変形します。再生すると、踊ってるように見えなくもない、という程度ですが、練習用の素材としては十分でしょう。

STEP 10 「棒人間」レイヤーをプリコンポーズする

プリコンポーズすることで、そのレイヤーは読み込んだ動画素材とほぼ同じ扱いになります。これは解説の都合上、必要な手順です。レイヤーを選択して、［レイヤー］メニューの［プリコンポーズ］を選択。設定では「すべての属性を新規コンポジションに移動」を選びます。

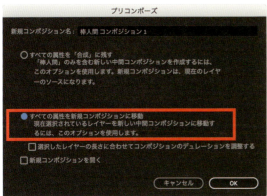

レイヤー編集の画面はもう不要なので閉じましょう。

「合成」コンポジションを表示して、プリコンポーズされたレイヤー（棒人間コンポジション1）の名前を「マスクパス」に変えます。レイヤーを選択して return キー（Windowsでは Enter キー）を押すと編集できます。これで動画素材ができました。

レイヤーの
様々な合成方法
を覚えよう

マスクパスで絵を切り抜いてみよう

▶ … マスクパスでレイヤーを切り抜いてみよう

マスクパスは、切り抜きたい輪郭をシェイプと同じように描くだけです。「合成」コンポジション上で作業をします。

STEP 1 レイヤーが選択された状態で ペンツールを選択する

現在時間はゼロにしておきましょう。レイヤーが選択されている状態でシェイプを描くと、それがマスクパスになります。今回はペンツールを使います。

▲マスクパスを描く時は、レイヤーを選択してからペンツールを使うところがポイント

▲ペンツールを選択する

STEP 2 棒人間の輪郭にだいたい沿うように クリックしていく

この時、レイヤーを選択していないと新しくシェイプレイヤーができてしまいます。
Illustratorに慣れている方は曲線で描いてください。慣れていない方は単にクリックしておおまかな直線で繋いでかまいません。

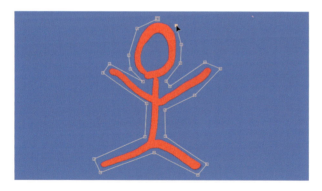

STEP 3 最後の点は最初の点に重ねて パスを閉じる

マスクパスが閉じた瞬間にレイヤーが切り抜かれます。切り抜かれたレイヤーの下の背景となるレイヤーを置けば合成できます。描くパスは閉じていれば四角や円、星でもかまいません。

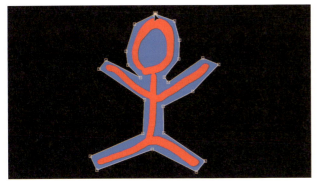

▲マスクの外が透明になり、コンポジションの背景色である黒が見える

●透明かどうかをチェックする

プレビューエリアの透明グリッドボタンをオンにすると、透明になった部分はチェッカー模様が表示されるようになります。半透明の部分はチェッカー模様が薄くなります。

▲透明グリッドボタンをオンにすると透けているかどうかがわかる

STEP 4 顔の内側にもパスを描く

複数のパスを描いて組み合わせることもできます。内側は透明にしたいのですが、ただ描いただけでは抜けません。

217

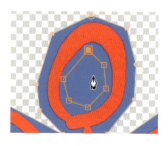

STEP 5　マスクのプロパティで パス2を「減算」にする

　描いたマスクパスは1本ごとにプロパティに格納されています。他のパスの内側に描いたパスを「減算」にすることで、そこを透明にすることができます。これで棒人間を切り抜くことができました。

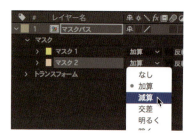

●動画のマスク処理はちょっと大変

　さて、この動画を再生してみると、棒人間はすぐにマスクからはみ出してしまいます。パスの位置や形が固定されているので、そのままでは元の素材に動きがあると対応できません。これを解決するには、「マスクパス」プロパティにキーフレームを設定して、一コマずつマスクの形を修正します。「うわぁ、そんな面倒なこと」と思われるかもしれませんが、他の方法で簡単に切り抜けない場合には、実際に行われます。ちなみに、ロトブラシツールを使うと、ある程度自動的に動画の変化にパスが追従してくれますが完璧というわけではありません。

　できれば、動くものをマスクパスで切り抜くのは避けたいところです。CG素材の場合には、CGソフトの方で合成用のアルファチャンネルを付けて書き出しておけば、AE上での切り抜き作業が不要になります。また、実写素材の段階で背景を単色にしておけば、次に紹介するキーイングで簡単に抜くことができます。

03 キーイングエフェクトで自動的に背景を抜いてみよう

映像の色や明るさを頼りに自動的に切り抜いてくれるのがキーイングエフェクトです。棒人間を使って簡単なキーイングを体験してみましょう。

9 レイヤーの様々な合成方法を覚えよう

▶… 踊る棒人間をリニアカラーキーで抜き出す

実験にはリニアカラーキーというエフェクトを使います。最もシンプルなキーイングエフェクトです。

STEP 1　「マスクパス」レイヤーを複製する

レイヤーを選択して［編集］メニューから［複製］を選びます。

マスクパスで使ったレイヤーは非表示にしておきましょう。複製したレイヤーの名前を「リニアカラーキー」に変更します。

219

STEP 2 新しいレイヤーを選択して［レイヤー］メニューの ［マスク］［すべてのマスクを削除］を選択する

先ほど描いたマスクパスを削除しておきます。

STEP 3 「リニアカラーキー」レイヤーを選択して 「リニアカラーキー」エフェクトを適用する

キーイングエフェクトは、たくさんありますが、一番簡単なものを使います。

STEP 4 エフェクトの「キーカラー」プロパティの スポイトで背景の青をクリックする

「キーカラー」で、透明にする色を選択します。スポイトを使うと画面を直接クリックして色を選べます。

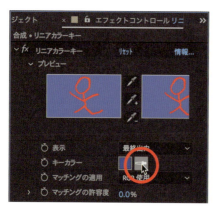

▲リニアカラーキーのキーカラーでスポイトをクリック

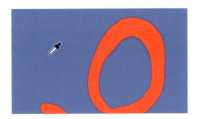

▲青い背景をクリック

クリックした瞬間に背景の青が消えて、棒人間が抜き出されるはずです。

　再生してみても、きちんと切り抜かれています。このように、キーイングエフェクトが上手く働くと、とても簡単に背景を抜くことができます。なお、「マッチングの許容度」や「マッチングの柔軟度」プロパティで境目を微調整できます。

● 実写だとなかなか上手くいかないことも

　練習では、AE の中で完璧に青い背景を作ったので、ワンタッチできれいに切り抜くことができました。しかし、実写素材の場合には、なかなかここまで上手くいきません。あらかじめ合成素材として使うことがわかっている場合には、まず撮影段階で背景をきれいにしておくことが大切です。切り抜きたい物と背景の色が似ていると余計なところまで透明になってしまいます。

　また、実写では被写体が動くとぶれて背景の色と混ざりますし、背景の色が被写体に反射してしまうこともあります。炎のように形や透明度が曖昧な素材では、固形物とは違った合成テクニックが必要になります。このように、素材によって条件が大きく変わるため、AE には様々な方式のキーイングエフェクトがたくさん用意されています。また、サードパーティ製のキーイングソフトもたくさんあります。本書ではリニアカラーキーだけを紹介しましたが、実際の制作では素材の特性に合わせてキーイングエフェクトを使い分けます。

　最近では、画像解析技術の進歩により、自動キーイングの精度が大きく向上してきているようです。将来、AE にも強力な自動キーイング機能が搭載される可能性があります。デジタルの世界では、それまで大変な労力が必要だった作業が、ある日突然ワンタッチで済んでしまうような技術革新が起こり得ます。ソフトのアップデート時にはどんな機能強化が行われたかを確認しておきましょう。

04 トラックマットで文字の中に棒人間を映してみよう

トラックマットは、他のレイヤーをマスクとして使う機能です。例として、文字の中に棒人間のダンスを映してみましょう。

▶ … テキストレイヤーをトラックマットとして使う

テキストレイヤーで棒人間の映像を切り抜いてみましょう。まず、棒人間の映像を準備します。

 「リニアカラーキー」レイヤーを複製する

レイヤーを選択して［編集］メニューから［複製］を選びます。

レイヤー名は「トラックマット」にします。下の「マスクパス」や「リニアカラーキー」レイヤーは隠しておきましょう。

STEP 2 新しいレイヤーを選択して［エフェクト］メニューから［すべてを削除］を選択する

リニアカラーキーエフェクトが削除され、青い背景付きになります。

STEP 3　新規にテキストレイヤーを作成し、「TRACK MATTE」と入力する

［レイヤー］メニューの［新規］［テキスト］を選択します。

「TRACK MATTE」は図のように改行して2行に分けて入力します。

文字色は白。太い文字で画面いっぱいになるように大きくし、「トラッキング」をマイナスにして、文字同士をくっつけます。

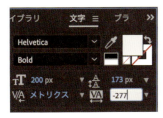

▲トラッキングをマイナスにすると文字同士を重ねることができる

この文字がマスクの役目をします。

STEP 4　「トラックマット」レイヤーのトラックマットを「アルファマット "TRACK MATTE"」に設定する

トラックマットのポップアップメニューが見えない時は、「スイッチ／モード」ボタンで表示を切り替えてください。

トラックマットを設定すると、文字の形にレイヤーが切り抜かれます。再生すると、棒人間が文字の中で踊ります。なお、トラックマットに指定できるのは、重なりがすぐ上のレイヤーに限られます。

このようにトラックマットを使うと、他のレイヤーを使って素材を切り抜くことができます。

なお、「ルミナンスマット」を選ぶと、文字の明るさによって透明度が変わります。

HINT　マット、キー、マスク、名前は違ってもやることはだいたい同じ

AEでは、合成の時にマット、キー、マスクといった様々な言葉が使われます。とりあえず、これらは同じ意味だと思ってかまいません。どれも、素材の中から必要な部分だけを取り出すための手法で、使う機能やエフェクトによって言い方が異なっているだけだと考えてください。初心者はこのあたりの用語に神経質になる必要はないでしょう。

マット、キーイング、マスクといった機能は、最終的には「アルファチャンネル」を作って合成します。アルファチャンネルとは、素材の透明度を決めるモノクロの画像です。アルファチャンネルのついている素材は、黒いところが透明になり、白い所が不透明になります。グレーは半透明です。テキストレイヤーをトラックマットのアルファマットに使えるのは、自動的に文字の形に合わせたアルファチャンネルが作られるためです。アルファチャンネルを持たないレイヤーは、アルファマットには使えません。この場合には代わりにルミナンスなど画像の明るさや色を利用します。

初めのうちは、このあたりのことがよくわからないと思いますが、「合成にはアルファチャンネルが使われている」程度のことは頭の隅に入れておいてください。

なお、あるレイヤーのアルファチャンネルがどうなっているかは、そのレイヤーだけを表示して、プレビューエリア下にある3色の円が重なったポップアップメニューで「アルファ」表示に切り替えるとわかります。

05 描画モードの仕組みを ちょっと見てみよう

描画モードは、レンズフレアやフラクタルノイズの合成に使いました。ここでは、描画モードとは何かについて説明します。描画モードは仕組みを理解していなくても使えますが、仕組みをある程度理解しておくと将来のステップアップに役立つはずです。

9 レイヤーの様々な合成方法を覚えよう

▶ … 描画モードの"演算処理"とは何か?

あるレイヤーの描画モードを「通常」以外に指定すると、AE はそのレイヤーと下のレイヤーの間で"演算処理"を行って合成します。この演算処理とはどんなことをしているのでしょうか?

コンピューターの画像や映像は、小さな点(画素、ピクセル、ドット)の集まりです。そして各ピクセルの色は数値で記録されています。話をシンプルにするためにモノクロの世界で説明すると、白は 1、黒は 0 で表され、その中間のグレーは 0.3、0.7 といった小数点になります。描画モードは、レイヤー同士でこの数値を足したり、引いたり、掛けるなどして、その結果を合成画像として表示します。

※デジタル画像の実際の数値は 0 ～ 255、0 ～ 4095、0 ～ 65535 などですが、描画モードに関しては、0 ～ 1 で考えた方がわかりやすいので、こうした説明にしています。

●「加算」は必ず明るくなる。一方が黒だと変化しない。

実際に描画モードの計算をしてみましょう。描画モードが「加算」(たし算)の場合は、たとえば、下のレイヤーが黒(0)、上のレイヤーが白(1)だと、

0 + 1 = 1 となり、合成結果は白くなります。

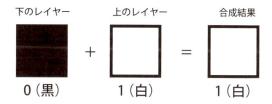

下のレイヤーがグレー（0.5）だった場合はどうでしょう？
　0.5＋1＝1.5となりますが、1以上の値は無視される（白より明るい色はない）ので、やはり結果は1＝白です。加算ではどちらかのレイヤーのピクセルが白だと、そこは必ず白くなります。

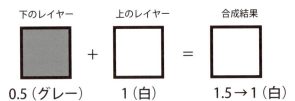

また、上のレイヤーが黒（0）だった場合は、足しても何も変わりませんから、下のレイヤーの色がそのまま現れます。

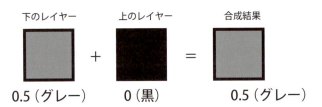

加算では、上のレイヤーの黒い部分は透明になり、それ以外の部分は必ず明るくなるので、黒バックに光を描いたようなエフェクトの合成に向いています。

●「減算」は必ず暗くなる。上のレイヤーが黒だと変化しない

減算（引き算）の場合はどうでしょうか？

下のレイヤーが白（1）、上のレイヤーも白（1）だった場合には、
1-1＝0　つまり黒になります。

白同士を重ねても、減算の場合は真っ黒になります。
下のレイヤーが白（1）、上のレイヤーがグレー（0.3）だった場合には、
1-0.3＝0.7　下のレイヤーの色が少し暗くなります。

減算の場合も、上のレイヤーの黒（0）は透明扱いになります。そして上のレイヤーの明るい部分ほど、合成結果は暗くなります。

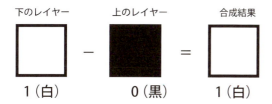

●「乗算」は、どちらかのレイヤーが黒いと結果も黒くなる

今度は「乗算」（かけ算）です。
下のレイヤーが白（1）、上のレイヤーが黒（0）だった場合には、
1×0＝0 つまり黒になります。

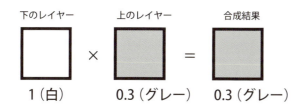

　かけ算では、0に何を掛けても0になりますから、上下どちらかのレイヤーが黒であれば必ず黒くなります。
　下のレイヤーが白（1）、上のレイヤーがグレー（0.3）だった場合には、
1×0.3＝0.3　下のレイヤーの色が少し暗くなります。

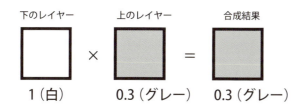

　乗算の場合は、加算や減算とは逆に、上のレイヤーの白が透明扱いになります（何かに1を掛けても変わらないため）。

9 レイヤーの様々な合成方法を覚えよう
05 描画モードの仕組みをちょっと見てみよう

　描画モードは、このように上下のレイヤーの値を計算をして合成します。加算、減算、乗算以外の描画モードは、もっと複雑な計算式を使っています。必ずしもすべての描画モードの仕組みを理解する必要はありませんが、基本的な仕組みが理解できたら、自分でいろいろな素材を重ねて見て、それぞれどんな効果があるのかをだいたい把握しておくとよいでしょう。

　初心者には少し難しかったかも知れませんが、AEを使い込んでいくと、いずれは物事を数値で考える必要がでできます。ここまでの説明は、より高度な表現を行うための第一歩だと考えてください。ある機能がどんな風に働くのか？ という疑問を持ったら、シンプルな作例で実験してみましょう。作例を自分で作って機能を試していくことで、新しい知識と技術を獲得できます。AEに限らずCGや映像系の上級者のブログを拝見すると、実によく実験をされています。

10

できた物を書き出したり、素材を読み込んで配置しよう

いよいよ最終章です。最後に、作ったものを動画や静止画として書き出す方法と、動画・静止画素材を読み込む方法を紹介します。

10

01 作ったものをファイルに書き出す

できた物を
書き出したり、
素材を読み込んで
配置しよう

ここまでの練習で作った動画はAEの中だけで再生してきました。他のソフトで再生や編集をしたり、他人に渡せるようにファイル出力する方法を覚えましょう。

▶… AEの書き出し方法にはいくつかある

AEからファイルへの書き出し方法には、目的に合わせていくつかの方法が用意されています。本書では、以下の機能を紹介します。

●現在のプレビューを保存（RAMプレビューを保存）

この機能は2019年12月現在、無効化されています。以前のバージョンでは「RAMプレビューを保存」と呼ばれていました。手軽に利用でき、制作途中の確認に便利な書き出し方法です。

●レンダーキューに追加

主に他のソフトで使用する素材として書き出す時に使います。

● Adobe Media Encorderで書き出し

主に完成した動画を書き出す時に使います。Adobe Media Encorderという別のソフトを使って、目的に合わせて様々な形式で書き出すことができます。

●フレームを保存

動画の1コマを静止画として保存します。

どの方法を使っている時でも、書き出しには必ず「レンダリング」という処理を経由します。コンポジションの中身を一コマずつ計算して、画像・動画にする処理をレンダリングと言います。

◉動画の書き出しはワークエリア内に限られる

動画を書き出す範囲は、コンポジションのワークエリア内になります。書き出し前には、必ずワークエリアの設定を確認しましょう。

◉Adobe Premiere Proとは直接やり取りできる

Adobe Premiere ProとAEは、ダイナミックリンクという方法で直接データのやり取りが可能です。AEのコンポジションを書き出すことなく、Premiere Proに取り込むことができます。レンダーキューの項で紹介しています。

02 現在のプレビューを保存する（RAMプレビューを保存する）

制作途中の動画を、さくっと書き出してプレーヤーソフトで再生したい時に便利なのが「RAMプレビューを保存」機能です。

10 できた物を書き出したり、素材を読み込んで配置しよう

※この機能は2019年12月現在、無効化されています。以前のバージョンでは「RAMプレビューを保存」と呼ばれていました。以下の解説は、「RAMプレビューを保存」についてのものを残してあります。

STEP 1　書き出したいコンポジションをタイムラインに表示させる

現在編集中のコンポジションが書き出しの対象になります。ここでは、「流れる星」コンポジションを使います。

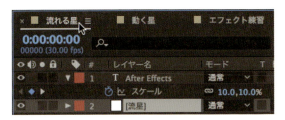

STEP 2　[コンポジション] メニューの [RAMプレビューを保存] を選択する

いったんRAMプレビューの時と同じようにシーンが再生されます。

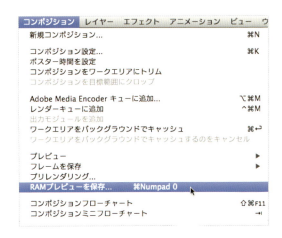

231

STEP 3 ダイアログで保存先とファイル名を設定

STEP 4 OKボタンをクリックするとレンダリングが開始される

ウインドウの下に「レンダーキュー」というタブが開いて、レンダリングと書き出しが開始されます。レンダーキュータブ上部に表示されるバーが右端まで伸びたら終了です。

レンダーキューとは、「レンダリングの待機列」という意味です。AEのレンダリング機能では、あらかじめ複数のコンポジションを登録して、あとからまとめてレンダリングできます。「RAMプレビューを保存」は、このレンダーキューへの登録から書き出しまでを少ない操作で行える機能です。

書き出したファイルは、QuickTime PlayerやWindows Media Playerで再生できます。

03 レンダーキューに追加して書き出す

10 できた物を書き出したり、素材を読み込んで配置しよう

AEで作った動画素材を他のソフトで利用する時には、レンダーキューに追加して書き出すのが一般的です。背景が透けている場合には、書き出し形式の設定に注意が必要です。

▶ … コンポジションの背景は透けているかをチェック

他のソフトで使うために書き出す時に、注意するポイントとして「コンポジションの背景が透けているかどうか」があります。背景の透け（透過）について、ここまでに作った作例でチェックしてみましょう。

STEP 1 「流れる星」コンポジョンを表示する

タブをクリックして、プレビューエリアにコンポジションを表示します。コンポジションが増えてタブが見えないときは、プロジェクトパネルで「流れる星」コンポジションをダブルクリックするか、タイムライン右のポップアップメニューから選択します。

STEP 2 透明グリッドボタンをクリックしてオンにする

合成の解説で使ったプレビューエリアの下にあるボタンです。オンにすると透けている部分にはチェッカー模様が見えます。

もともと平面レイヤーは不透明なものですが、CC Star Burstエフェクトを適用したことで、自動的に星以外のところが透明になっています。平面レイヤーにエフェクトを適用した時に透明になるかどうかは、エフェクトによって異なります。今まで表示されていた黒い背景は、コンポジション設定の背景色に従って、AEが追加していたものです。

このように背景が透けているコンポジションを書き出す場合には、背景を透明にするか、コンポジションの背景色で埋めるかを選択できます。背景を透明にしておけば、他のソフトで読み込んだ時に、簡単に他の素材と合成することができます。

▶ レンダーキューに登録して書き出す

それでは、レンダーキューで、背景が透けていない動画と透けている動画を書き出してみましょう。

STEP 1 [コンポジション] メニューの [レンダーキューに追加] を選択する

編集対象のコンポジションがレンダーキューに追加されます。レンダーキューは [ウインドウ] メニューの [レンダーキュー] で表示できます。

STEP 2 出力モジュールが「ロスレス圧縮」になっていることを確認

　レンダリングでとりあえず覚える必要があるのは、出力モジュールと出力先です。出力モジュールはどんな形式で書き出すかを指定します。他のソフトで利用する素材として書き出す場合には、「ロスレス圧縮」か「ロスレス圧縮（アルファ付き）」のどちらかがよいでしょう。

　「ロスレス圧縮」は透明部分をコンポジション設定の背景色で埋めて書き出します。「ロスレス圧縮（アルファ付き）」では、透明部分をアルファチャンネルとして書き出します。
　まず最初は「ロスレス圧縮」を選んでおきます。

STEP 3 出力先をクリックして保存場所とファイル名を設定する

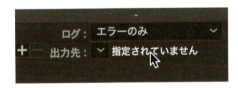

　保存場所はお好きな場所でかまいませんが、わかりやすいようにファイル名は「ロスレス圧縮」としてください。動画ファイルの形式はMacではMOV、WindowsではAVIになります（拡張子は残してください）。

STEP 4 再びタブをクリックして「流れる星」コンポジションを表示する

レンダーキューでは複数の書き出しを一括処理できますので、もう1つ登録します。

STEP 5 ［コンポジション］メニューの［レンダーキューに追加］を選択する

同じコンポジションをもう一度、レンダーキューに登録します。

STEP 6 出力モジュールを「ロスレス圧縮（アルファ付き）」にする

今度は、ロスレス圧縮（アルファ付き）にします。

STEP 7 出力先をクリックしてファイル名を「ロスレス圧縮（アルファ）」にする

ファイル名を「ロスレス圧縮（アルファ）」として、先ほどの書き出しと区別できるようにしておきます。

これで、レンダーキューに2つのキュー（順番待ち）が登録されました。

 **レンダリングボタンを
クリックする**

レンダーキュータブの右にある「レンダリング」ボタンをクリックすると、レンダリングと書き出しが始まります。レンダーキューに並んだコンポジションの上から順番に処理されます。

書き出した動画は、次の項での読み込みと配置の練習に使います。

●レンダーキューを削除する

レンダーキューに並んでいる項目は、コンポジション名をクリックしてキーボードのdeleteキーを押すと削除できます。

HINT　Premiere Proへは直接コンポジションを渡せる

Adobe Premiere Proへは、書き出しをしなくてもコンポジションデータを渡すことができます。方法は、コンポジションをAEのプロジェクトパネルから、Premiere Proのプロジェクトパネルにドラッグ＆ドロップするだけです。AE上でコンポジションを編集すると、ファイルを保存しなくても、Premiere Proに切り替えるだけで反映されます。Premiere Proで編集している動画に、AEでエフェクトを加える場合などに便利な機能です。また、反対の操作を行うことで、Premiere Pro上のシーケンスをAEに渡すこともできます。

10 できた物を書き出したり、素材を読み込んで配置しよう

04 動画素材を読み込んで配置する

前項で書き出した動画素材を使って、動画の読み込みと配置の練習をしてみましょう。

▶ 動画を読み込む

前項で書き出しておいた「ロスレス圧縮」と「ロスレス圧縮（アルファ）」を読み込みます。

STEP 1 ［ファイル］メニューの［読み込み］［ファイル］を選択する

プロジェクトパネルの空欄をダブルクリックしても読み込みダイアログが開きます。

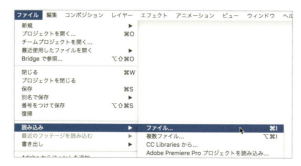

STEP 2 ダイアログで「ロスレス圧縮」と「ロスレス圧縮（アルファ付き）」を開く

shiftキーを押しながらクリックすることで、2つのファイルを指定することができます。

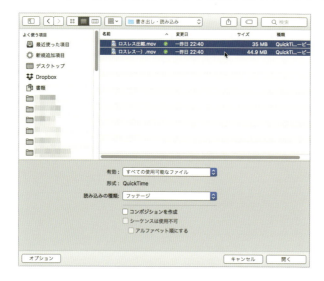

STEP 3 プロジェクトパネルに素材が表示される

読み込んだ素材はプロジェクトパネルに登録されます。ここにある素材は「フッテージ」と呼ばれます。

● ドラッグ＆ドロップでも読み込める

Finder（Mac）やエクスプローラー（Windows）上で、読み込みたいファイルをAEのプロジェクトウインドウにドラッグ＆ドロップしても読み込めます。

▶ … 読み込んだ動画を再生する

STEP 1 プロジェクトパネル上の読み込んだ動画をダブルクリックする

すると、プレビューエリアに「フッテージ」というタブが開き読み込んだ動画が表示されます。

コンポジションと同様に、再生が可能です。

 透明グリッドの
ボタンで背景が抜けているか確認する

　素材のコンポジションと同様に、透明グリッドボタンがあります。ロスレス圧縮の場合には、背景が塗りつぶされているので変化はありません。ロスレス圧縮（アルファ）は、背景が抜けているのでグリッドが見えます。

▶… 動画をコンポジションに配置する

　読み込んだ動画をコンポジションに配置してみましょう。動画に合ったコンポジションを新しく作る方法と、既存のコンポジションに読み込む方法の2つを紹介します。

 プロジェクトパネルで「ロスレス圧縮」を
「新規コンポジション」ボタンにドラッグ＆ドロップ

　新規コンポジションボタンは、普通にクリックするとコンポジションメニューの「新規コンポジション」と同じですが、素材（フッテージ）をドラッグ＆ドロップすると、サイズやフレームレートなどをその素材にぴったり合わせたコンポジションを自動的に作ってくれます。

作られたコンポジションには、動画がすでに配置されています。

STEP 2 「ロスレス圧縮（アルファ）」を新しくできたコンポジションにドラッグ＆ドロップ

今度は既存のコンポジションへの配置です。プロジェクトパネルから、配置したい素材（フッテージ）をコンポジション上にドラッグ＆ドロップします。アルファチャンネル以外はまったく同じ動画ですから意味はありませんが、操作の練習としてやってみてください。

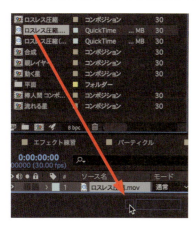

配置した動画は、平面レイヤーと同様にエフェクトを加えたり、位置やサイズ、回転などを行うことができます。ただし、動画の場合は長さが決まっていますから、平面レイヤーのように自由に表示時間を伸ばすことはできません。

●素材（フッテージ）とコンポジションを削除する

配置の練習が終わったら、「ロスレス圧縮」「ロスレス圧縮（アルファ）」と、配置したコンポジションは不要です。プロジェクトパネル上で選択してキーボードのdeleteを押して削除します。コンポジションよりも素材を先に削除しようとすると警告が出ますが、構わず削除します。

HINT コンポジションや平面レイヤーなども素材として配置できる

プロジェクトパネルにある素材（フッテージ）は、すべて素材として任意のコンポジションに配置できます。レイヤーやコンポジションも例外ではありません。ただし、プロジェクトパネル上のレイヤーにはエフェクトやキーフレームはついていません。ここにあるのは"素の"平面レイヤーです。エフェクトやキーフレームの付いた平面レイヤーを複数のコンポジションで流用するにはプリコンポーズを使ってコンポジションに変換します。

05 Adobe Media Encorderで書き出す

動画をネットで送ったりアップロードする時などは、コンパクトなサイズに圧縮できるAdobe Media Encorderで書き出します。

10 できた物を書き出したり、素材を読み込んで配置しよう

▶… Adobe Media Encorderキューに追加する

　RAMプレビューやロスレス圧縮での書き出しは、画質劣化がない代わりに、ファイルサイズが大きくなります。ネットで公開するような動画は、mp4などのコンパクトに圧縮できる形式で書き出します。この書き出しには、Adobe Media EncorderというAEに付属する別のソフトを使います。Media Encorderには非常にたくさんの設定がありますが、ここではシンプルな書き出しに絞って解説します。

STEP 1 「エフェクト練習」コンポジションを表示する

STEP 2 [コンポジション]メニューの[Adobe Media Encorderキューに追加]を選択する

243

STEP 3　Adobe Media Encorder が起動して キューに「エフェクト練習」が追加される

　Adobe Media Encorder の起動とキューの登録には少し時間がかかる場合があります。

STEP 4　形式を「H.264」、プリセットを 「ソースの一致 - 高速ビットレート」にする

　「形式」は保存するファイル形式です。今回はとりあえず最もポピュラーな動画形式であるH.264を選びます。これならMac、Windows、タブレットやスマートフォンなど、ほとんどのデバイスで再生できます。

　「プリセット」は、各ファイル形式毎に用意された設定の組み合わせです。今回選ぶ「ソースの一致 - 高速ビットレート」を選ぶと、コンポジションに合わせた設定になります。本書のコンポジションは普通は使わない縦横サイズになっているので、これを選びます。ちなみに、他のプリセットを選ぶと、それに合わせてサイズやフレームレートが変換されます。当然、画質はその分低下します。

　また、出力ファイル欄をクリックすると保存先とファイル名を指定できます。

STEP 5 キューを開始ボタンをクリックする

　エンコーディングと書き出しが開始されます。エンコーディングとは、選択した形式に合わせて動画を圧縮する処理の事を言います。

STEP 6 QuickTime PlayerやWindows Media Playerで再生する

　「エフェクト練習」コンポジションの場合、mp4で書き出したファイルの大きさは2MBほどで、ロスレス圧縮（35MB）よりも大幅に小さくなりました。

06 特定のフレームを静止画として書き出す

特定のフレーム(コマ)を静止画像として書き出すこともできます。保存は、Photoshop形式と、Photoshop形式(レイヤー)の2種類があります。

▶… Photoshopファイルとして書き出す

Photoshopファイルとして書き出すときには、AEのレイヤーを1つに合成した画像にするか、Photoshop上でもレイヤーを再現するかによって操作が異なります。

STEP 1 「エフェクト練習」コンポジションを表示する

STEP 2 現在時間を書き出したいフレームに移動する

STEP 3 [コンポジション]メニューの[フレームを保存][ファイル]を選択する

[フレームを保存][ファイル]は、AEレイヤーを合成したPhotoshopファイルとして書き出します。

STEP 4 レンダーキューで出力先を指定してレンダリングボタンをクリックする

ファイル保存のダイアログが表示されたら、保存するフォルダを指定します。静止画の書き出しもレンダーキュー経由で行います。レンダーキューの出力モジュールには「Photoshop」が指定されています。出力先をクリックして保存するフォルダを変更できます。後で使うので、ファイル名は「フレーム保存.psd」としてください。

レンダリングボタンをクリックすると書き出しが行われます。

STEP 5 あるいは、[コンポジション] メニューの [フレームを保存] [Photoshopレイヤー] を選択する

「フレームを保存」「Photoshopレイヤー」では、レイヤー分けしたPhotoshopファイルとして書き出します。

STEP 6 ダイアログが開くので保存先を指定する

ファイル名は「フレーム保存（レイヤー）.psd」としてください。

Photoshopレイヤーでの保存は、レンダーキューを経由しません。Photoshopで開くと、AE上と同じようにレイヤー分けされ、描画モードも再現されています。ただしテキストレイヤーは画像に変換されています。

● 書き出したPhotoshopファイルを比較する

AEから書き出した画像ファイルをPhotoshopで開いてみると、それぞれのレイヤーは図のようになっています。レイヤー分けした場合には、描画モードも再現されています。ただしテキストレイヤーは画像に変換されています。

▲左がファイル保存、右がPhotoshop保存したもの

07 静止画を読み込む

静止画読み込みの練習として、書き出したPhotoshopファイルを読み込んでみましょう。

▶ … 画像を読み込む

STEP 1 ［ファイル］メニューの［読み込み］［ファイル］を選択する

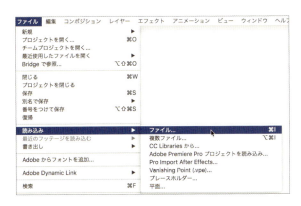

あるいは、プロジェクトパネルの空欄をダブルクリックしても読み込みダイアログが開きます。

STEP 2 ダイアログで「フレーム保存.psd」を開く

前項で AE から書き出した Photoshop ファイルを開きます。

STEP 3 フッテージを変換のダイアログで自動設定をクリックしてからOKボタンを押す

AEから書き出したPhotoshopファイルにはアルファチャンネルという合成用のデータが含まれているので、このダイアログが出ます。ここでは、アルファチャンネルの扱いを決めます。

とりあえず「自動設定」をクリックすると、適切なものを選んでくれます。

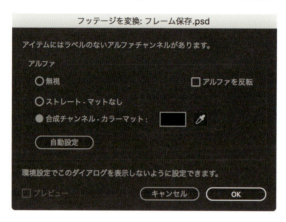

アルファチャンネルのない画像では、このダイアログは出ません。

●レイヤーのあるPhotoshop画像の読み込み

「フレーム保存（レイヤー付き）.psd」のようにレイヤー付きのPhotoshop画像の場合には、図のようなダイアログが表示され、レイヤーを統合するか、特定のレイヤーだけを読み込むかが選択できます。また、「読み込みの種類」で、PhotoshopレイヤーをAEのレイヤーに変換したコンポジションとして読み込むこともできます。

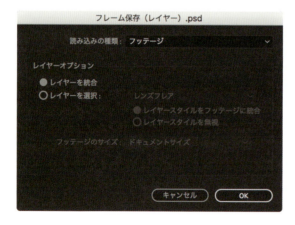

STEP 4 プロジェクトパネルに素材が表示される

読み込んだ素材はプロジェクトファイルに表示されます。

●うまく読み込めなかった時には「フッテージを変換」

　読み込み時にアルファチャンネルの設定を間違えて、読み込んだ素材が真っ黒になってしまったような時には、プロジェクトパネル上で素材を選択し、[ファイル]メニューの[フッテージを変換][メイン]を選びます。

　ダイアログ上方に読み込み時と同じ選択肢があるので設定を変更します。

▶… 静止画をコンポジションに配置する

　静止画をコンポジションに配置する方法は動画の場合と同じです。プロジェクトパネルの新規コンポジションボタンにドラッグ＆ドロップするか、既存のコンポジション内にドラッグ＆ドロップします。

　配置した時に自動的に設定される静止画レイヤーの長さは、環境設定の「読み込み設定」にある「静止画フッテージ」で設定できます。

　配置後は平面レイヤーと同じようにエフェクトの適用や編集が行えます。

251

HINT　Illustratorデータがぎざぎざにならないようにする

Illustratorで描いた図やイラストも静止画として読み込めます。Illustratorのデータはベクトル画像なので、本来は拡大してもギザギザになりません。しかし、コンポジションに配置すると解像度が固定され、拡大するとギザギザになってしまいます。これを避けるためには、タイムラインで「コラップストランスフォーム／連続ラスタイズ」のスイッチをオンにしておきます。

08 その他、知っておくと役に立つ情報

最後に、本編に収めることはできませんでしたが、知っておくと役に立つであろう情報をまとめておきます。

▶… ディスクの容量が少なくなったらキャッシュをクリアする

AEを使っていると、いつの間にかディスクの容量が少なくなっている時があります。これは、AEが動画再生などの時にデータを保存（キャッシュと言います）しているためです。キャッシュによってすでに計算済みのところを再計算する時間が減りますが、その分、ディスク容量を消費します。キャッシュを削除するには、[編集] メニューの [キャッシュの消去] を使います。通常は [すべてのメモリ & ディスクキャッシュ] でよいでしょう。キャッシュの保存先や最大容量は、環境設定の「メディア & ディスクキャッシュ」で変更できます。

▶… エフェクトもコピーペーストできる

同じエフェクトを他のレイヤーにも適用したい場合には、エフェクトコントロールパネルでエフェクト名をクリックして選択、[編集] メニューの [コピー] を選び、他のレイヤーを選択してから [ペースト] すると、設定も含めてコピーペーストできます。

▲エフェクト名をコピーペーストするとすべての設定も含めて複写できる

また、一部のプロパティだけをコピーペーストしたい場合には、タイムライン上でその項目を選択してコピーし、目的のレイヤーでペーストします。するとエフェクトが適用され、選択したプロパティ以外はデフォルトの設定となります。

▲エフェクトの特定のプロパティだけをコピーペーストすると、その設定だけが複写される

▶… Illustratorのパスをコピーペーストで貼り込む

　Illustratorのパスは、コピーペーストでAEのマスクパスやモーションパスとして貼り込むことができます。

　まず、Illustrator上で図形をコピーします。

　マスクパスとして貼り込みたい時には、レイヤー名を選択してペーストします。

▲レイヤー名を選択してペーストするとマスクパスとして貼り込まれる

　モーションパスとして貼り込みたい時には、レイヤーの位置プロパティを選択してペーストします。貼り込まれたモーションパスは、Illustratorパスのポイントがキーフレームになります。

▲位置プロパティを選択してペーストするとモーションパスとして貼り込まれる

▶… マスクやシェイプのパスを拡大・縮小する

　マスクやシェイプのパスを拡大縮小するには、まずパス全体を選択します。タイムラインでマスクのパスプロパティを選ぶとパス全体が選択できます。もちろん、選択ツールを使ってもかまいません。

▲マスクパスを選択

［レイヤー］メニューの［マスクとシェイプのパス］［トランスフォームボックス］を選びます。

すると、パスが四角い枠で囲まれるので、隅のハンドルをドラッグしてパス全体を拡大縮小できます。

▲パスが変形用のボックスで囲まれる

この機能はモーションパスには使えません。モーションパスを拡大・縮小したい時には、いったんコピーペーストでモーションパスをマスクに変換し、拡大縮小した後に、再びモーションパスとして貼り込む方法があります。

▶… 調整レイヤーで複数のレイヤーにまとめてエフェクトをかける

　調整レイヤーを使うと、複数のレイヤーにまとめてエフェクトをかけることができます。調整レイヤーは、［レイヤー］メニューの［新規］［調整レイヤー］で作成します。調整レイヤー単体では何も起きません。調整レイヤーにエフェクトをかけると、その下にあるすべてのレイヤーにまとめてエフェクトがかかります。全体の色調補正をするような場合に便利です。

▶… 新規レイヤーの表示時間を設定する

　新規に平面レイヤーやテキストレイヤーなどを作成した時のレイヤーの表示時間は、環境設定の「読み込み設定」「静止画フッテージ」で設定できます。ここをたとえば1秒に設定しておくと、新しく作った平面レイヤーなどの長さは自動的に1秒になります。読み込んだ静止画像を配置する時にもここの設定が使われます。文字や写真を一定の時間ごとに切り替えたい時に調整の手間が省けます。もちろん、後から自由に伸ばしたり縮めたりできます。

▲環境設定ダイアログの読み込み設定

▶… たくさんのレイヤーを時間に沿って並べる

AEでたくさんの素材を次々に切り替えて表示させるのは、手作業で行うと大変ですが、シーケンスレイヤーという機能を使うと簡単です。

あらかじめ必要な長さに調整した複数のレイヤーを用意して選択します。

▲A、F、T、E、Rの5つのレイヤーを用意した。選択した順番から並べる順番になるので注意

［アニメーション］メニューの［キーフレーム補助］［シーケンスレイヤー］を選び、ダイアログで OK ボタンを押すと、時間をずらして並べてくれます。

▲オーバーラップをオンにすると切れ目を重ねられる

▲自動的に並べられた

▶… 編集時に音を聞く

キーボードのCommand（WindowsではControl）キーを押しながら現在時間のマークをドラッグすると、その場所の音が聞こえます。音に合わせた動画を作るのに便利です。

おわりに

お疲れさまでした!　最後まで読んでいただきありがとうございました。

　本書を読み終えた皆さんの手元には、様々なコンポジションが詰まったプロジェクトファイルがあるはずです。このプロジェクトファイルは、皆さんが自分の手で作ったAE学習記録です。これを元ネタに新しいアイデアを加えて発展させたり、しばらくAEから離れて使い方を忘れてしまった時にこれを見て思い出すなど、役立てていただければ幸いです。

　さて、本書を卒業して実践でAEを使うためには、まずコンポジションの動画形式の設定（サイズやフレームレートなど）を使用目的に合わせて変える必要があります。ビデオ制作ならプリセットが役に立つでしょうし、ネットの動画サイトであれば、各サービスのマニュアルに動画フォーマットに関する説明があるはずです。また、本書では実写素材の扱いについては全く解説していませんので、AEで実写を加工したい場合には追加の学習が必要になるでしょう。AEのような大きなソフトの場合、すべてを把握している人は少なく、基本を覚えた後はそれぞれのやりたいことによって、習得する技術や知識が変わってきます。

　AEはメジャーなソフトなので、書店やネット上にはたくさんの書籍やエフェクトのアイデアが溢れています。本書の内容を習得していれば、こうした情報の多くを理解して自分の物として活用できると思います。もちろん、時には知らない機能、知らないオプションが出てくるでしょう。そんな時には、本書のように簡単なサンプルを作って実験していけば、技術や知識を増やしていけるはずです。

　本書で提供した情報がみなさんの動画制作ライフのお役に立つことを願っています。

2015年1月
著者

増刷に寄せて

　本書はありがたいことに5回目の増刷になりました。ご購入頂いた読者の皆さん、レビューやブログでご紹介頂いた方々、取り扱って下さった書店などに、この場を借りてお礼申し上げます。

2019年12月
著者

INDEX

▶数字

1ノードカメラ　184
2ノードカメラ　184
3Dビューをリセット　177, 180, 184
3Dレイヤー　178

▶アルファベット

A

Add　152
Adobe Media Encorder　243
AVI　235

B

Birth Color　151
Birth Rate　136, 143, 144
Birth Size　150

C

CC Bubbles　56
CC Particle Systems II　132, 144, 148
CC Particle World　154
CC Sphere　194
CC Star Burst　14

D

Death Color　151
Death Size　150

F

Faded Sphere　139, 149
Fire　149
fps　24
fxボタン　110

G

Gravity　136

H

H.264　244

I

Illustratorデータ　252
Illustratorのパス　254

L

Longevity　137, 143, 147, 151

M

mp4　245

O

Oscillate　147
Opacity Map　147

P

Particle Type　135
Photoshopファイル　246
Photoshopレイヤー　247
Physics　136
Position　153
Premiere Pro　237
Producer　151, 153

Q

QuickTime Player　232, 245

R

Radius X　141, 152
Radius Y　141
RAMプレビュー　25
RAMプレビューを保存　231
Random Seed　143
Resistance　146

S

Screen　152
Size Variation　142, 150
Solid　22

T

time　162
Transfer Mode　152

Trapcode Particular 153

●V

Velocity 140, 146

●W

wiggle 158, 159, 167, 188
Windows Media Player 232, 245

▶かな

●あ

アルファチャンネル 224
アンカーポイントツール 197
アンカーポイントをレイヤーコンテンツの中心
　に移動 58
アンカーポイントをレイヤーコンテンツの中央
　に配置 94, 199

●い

イージーイーズ 64
イージーイーズアウト 67
イージーイーズイン 67

●う

上付き 32

●え

エクスプレッション 156, 214
エクスプレッションを追加 162
エコー 84
エフェクト 10, 22, 88
エフェクトコントロールパネル 22
エフェクト&プリセットパネル 90, 213

●お

オールキャップス 32
親レイヤー 198

●か

カーニング 32
開始色 121

開始タイムコード 20
解像度 20
書き出し 230
鍵ボタン 56
加算 194, 225
カメラ 184
画面から色を取ってくる 32

●き

キーイングエフェクト 209
キーカラー 220
キーフレーム 39
キーフレームの基本操作 44
キーフレームのマーク 40
キーフレーム補間法 68
キャッシュの消去 253
行の高さ 32

●く

グラデーション 89, 120
グラデーションの開始 122
グラデーションの拡散 122
グラデーションのシェイプ 122
グラデーションの終了 122
グラフエディターボタン 67
グロー 89
グローエフェクト 110
グロー強度 114
グローしきい値 113

●け

現在時間 16, 40
減算 226

●こ

光源の明るさ 108
光源の位置 105
高速ボックスブラー 94
コラップストランスフォーム／連続ラスタライズ
　206
コンポジション 10

259

コンポジションサイズ作成ボタン　164
コンポジション設定　20，83
コンポジション設定　11
コンポジション設定ダイアログ　19

●さ

再生　24
再生範囲を限定する　62

●し

シーケンスレイヤー　256
シェイプレイヤー　54，216
下付き　32
自動方向　80
斜体　32
シャッター角度　83
シャドウの拡散　183
シャドウの暗さ　183
シャドウを受ける　183
シャドウを落とす　182
終了色　121
終了タイムコード　20
乗算　127，227
ショートカット　46，99
新規コンポジション　10
新規コンポジションボタン　240

●す

スイッチ／モードボタン　81，103
スクリーン　104，168
ストップウォッチボタン　40
すべての属性を新規コンポジションに移動
　205
すべてのマスクを削除　220
スモールキャップス　32

●せ

静止画　249
静止画フッテージ　255
全体の線の上に全体の塗り　33

全体の塗りの上に全体の線　33
選択ツール　30
線の上に塗り　33

●そ

ソースの一致 - 高速ビットレート　244

●た

タービュレントディスプレイス　213
タイムライン　16
タイムラインナビゲーター　62
タイムラインを拡大・縮小表示する　62
縦方向に変形　32
段落パネル　29，93

●ち

調整レイヤー　255
頂点を切り替えツール　78
頂点を追加ツール　78

●つ

ツールバー　30
次のキーフレームに移動ボタン　66

●て

テキストパネル　93
テキストプロパティ　52
展開プロパティ　125

●と

統合カメラツール　176
透明グリッドボタン　217，233，240
透明にする　32
特殊効果　10
隣の文字との間隔　32
トラッキング　32
トラック　21
トラックマット　209，222
トランスフォームボックス　255

●に

日本語の文字間隔 32

●ぬ

塗りと線の色を入れ替え 32

塗りの色を設定 32

塗りの上に線 33

ヌルオブジェクト 199

●は

パーティクル 89, 130

パラメーター 23

●ひ

ピクセル縦横比 20

ピクセルモーションブラー 83

ピックウイップ 167

描画モード 225

非リアルタイム 24

●ふ

ファイル 246, 249

フォント 32

フォントスタイル 32

複数レイヤーをコンポジションでまとめる
 203

フッテージ 239

フッテージを変換 251

不透明度 39

太字 32

ブラー 89

ブラー（滑らか） 95

ブラーの方向 96, 99

フラクタルノイズ 89, 123, 165, 193

ブラシツール 212

ブラシパレット 212

プリコンポーズ 204

プリコンポーズ 214

プリセット 20

フル画質 20

フレーム／秒 24

フレームレート 20

フレームを保存 246

プレビューパネル 16

プロジェクト 18

プロジェクトファイル 17

プロパティ 23

プロパティを表示するショートカット 46

●へ

平面レイヤー 12

ペイントパレット 212

ベジェ曲線 73

編集時に音を聞く 256

ペンツール 216

●ほ

放出源 131

補間 41

保存 17

●ま

前のキーフレームに移動ボタン 66

巻き戻しボタン 40

マスク 210

マスクパス 208

マテリアル設定 182

●め

目玉アイコン 70

メモリ&ディスクキャッシュ 253

●も

モーションパス 61, 70, 74, 254

モーションブラー 81

モード 104

文字間隔 32

文字サイズ 32

文字詰め 32

文字の縦位置を移動 32

文字パネル 29

文字パネルの機能 32

元の画像とブレンド　109, 122

●よ

横方向に変形　32
読み込み設定　255

●り

リアルタイム　24
リニア　68
リニアカラーキー　219
輪郭線の色を設定　32
輪郭の太さ　32

●れ

レイヤー　8, 12, 21
レイヤーのあるPhotoshop画像の読み込
　　み　250
レイヤーの基本操作　35
レイヤーの種類　22
レイヤーを背面に移動　120
レンズの種類　109
レンズフレア　89, 101, 147
レンダーキュー　232
レンダーキューに追加　234
レンダリングボタン　237

●ろ

ロスレス圧縮　235, 238
ロスレス圧縮（アルファ付き）　236, 238

●わ

ワークエリア　62
ワークスペース　9

▶HINT 一覧

パネルが全面に広がってしまった!! ································· 9

レイヤーが作成できない! ································· 12

エフェクトが選べない!? ································· 15

レイヤーにありがちなトラブル ································· 15

平面レイヤーの英語名はSolid (ソリッド) ································· 22

音声はRAMプレビューでないと聞こえませんでした! ································· 26

数値の上を左右にドラッグしても変更できる ································· 30

テキストレイヤーが選べない!? ································· 31

1つのレイヤーにバーは1本だけ ································· 37

より複雑なアニメーションができるテキストプロパティ ································· 52

シェイプはいきなり描いてもよいのですが... ································· 59

速度調整について ································· 67

その他の頂点編集機能について ································· 78

動画素材にモーションブラーをかけるには ································· 83

画面の端に白いノイズが乗る? ································· 108

チカチカを止めるには、途中で放出を止める ································· 143

複数のパーティクルを重ねる時には、Random Seedを使う ································· 143

爆発はレンズフレアと併用すると迫力が増す ································· 147

放出源のPositionにキーフレームを打って動かす ································· 153

本気でやりたい人にはTrapcode Particularがお勧め ································· 153

キーフレームを止めるエクスプレッション ································· 166

3Dレイヤーが常にカメラの方を向くようにする ································· 190

マット、キー、マスク、名前は違ってもやることはだいたい同じ ································· 224

Premiere Proへは直接コンポジションを渡せる ································· 237

コンポジションや平面レイヤーなども素材として配置できる ································· 242

Illustratorデータがぎざぎざにならないようにする ································· 252

263

はじめよう！
作りながら楽しく覚える
After Effects

2015年02月28日　初版第1刷発行
2016年04月10日　初版第2刷発行
2017年02月28日　初版第3刷発行
2017年10月15日　初版第4刷発行
2018年11月20日　初版第5刷発行
2019年12月24日　初版第6刷発行

◎著者 ………… 木村菱治
◎デザイン ……… VAriantDesign
◎編集・DTP …… ピーチプレス株式会社
◎発行者 ………… 黒田庸夫
◎発行所 ………… 株式会社ラトルズ
　　　　　　　　　〒115-0055
　　　　　　　　　東京都北区赤羽西4-52-6
　　　　　　　　　TEL　03-5901-0220／FAX　03-5901-0221
　　　　　　　　　http://www.rutles.net
◎印刷・製本 …… 株式会社ルナテック

ISBN978-4-89977-416-7
Copyright ©2015　Ryoji Kimura
Printed in Japan

【お断り】
● 本書の一部または全部を無断で複写複製することは、法律で認められた場合を除き、著作権の侵害となります。
● 本書に関してご不明な点は、当社Webサイトの「ご質問・ご意見」ページ（http://www.rutles.net/contact/index.php）を
　 ご利用ください。
　 電話、ファックス、電子メールでのお問い合わせには応じておりません。
● 当社への一般的なお問い合わせは、info@rutles.netまたは上記の電話、ファックス番号までお願いいたします。
● 本書内容については、間違いがないよう最善の努力を払って検証していますが、著者および発行者は、本書の利用によっ
　 て生じたいかなる障害に対してもその責を負いませんので、あらかじめご了承ください。
● 乱丁、落丁の本が万一ありましたら、小社営業宛てにお送りください。送料小社負担にてお取り替えします。